序言

以分子對稱為出發點，結合群論研究化合物的各項特性是簡便有效的實用方法。對化學或相關科系的學生而言，修習群論僅需要一些簡單的量子化學的基礎，不需要太深入嚴謹的數學推導。這門課程涵蓋有機化學，無機化學，物理化學諸領域。相信每一位修習這門課程的學生都可以很快的應用本書的技巧解決實際的問題。

國外的群論教科書有幾本經典的著作，含有豐富的範例及練習題。一般國內外的教學者也是依循教材的編寫進度教導學生。但是絕大部份的學生 (國內外) 修習群論有一個共同的感覺: "我知道怎麼用，但我不知道為什麼?"。追究其原因，就是不明白群論的構建體系。當然就會影響學生後續的應用。而最常見的現像，就是學生將一些範例死記起來以應付考試。考完試了，也就還給老師了。

在我任教化學系的諸學科中，我認為群論是最簡單，但最精采，最有趣，又非常實用的一門學科。沒有艱深的理論，沒有複雜的計算，沒有任何化學式，不需要死記任何東西。應用群論，只需要看懂特徵表，只有簡單數字 1, 2, 3 ... 的加減。請問，還有哪門化學課程比這更簡單?

那麼，為什麼我覺得群論很簡單，被我教過的學生也覺得簡單，很清楚群論一切理論與應用? 真真正正的關鍵，也就是國外那些 "經典名著" 最忽略，最沒有實例的地方，就是在於是否了解群論的構建，重心在於是否了解特徵表的來源。一般的教科書只教學生推導特徵表，卻忽略了特徵表構建的敘述，更沒有實例可依循。正是如此，才造成學生 "知其然，而不知其所以然" 的學習心得! 這就好比只知道蘋果會從樹上掉下來，卻不知萬有引力定律一樣。如果艾薩克·牛頓不在蘋果樹下睡覺，就不會有現代物理學的進展。

在書中，嘗試以簡單的例子介紹特徵表的來源及應用。重申這是了解群論應用的關鍵。在後續的應用方面，也儘量舉出讀者能夠理解的例子。希望修習的同學能感到這門技巧的效果及便利。

陳正隆

分子對稱群論

MOLECULAR SYMMETRY GROUP THEORY

作者 Author

陳正隆

· 美國加州大學艾汶分校化學博士

· 國立中山大學化學系教授

劉權文

· 國防大學理工學院化學博士

· 陸軍軍官學校助理教授

分子對稱群論

第一章　矩陣

1-1　矩陣相乘

$$A_{m\times n}\times B_{n\times q}=C_{m\times q}$$

$$c_{ij}=\sum_{k=1}^{n}a_{ik}b_{kj}$$

$$c_{11}=a_{11}b_{11}+a_{12}b_{21}+a_{13}b_{31}+\cdots+a_{1n}b_{n1}$$;

$$c_{12}=a_{11}b_{12}+a_{12}b_{22}+a_{13}b_{32}+\cdots+a_{1n}b_{n2}$$

…………………………

$$A=\begin{bmatrix}2&1\\3&4\end{bmatrix},\quad B=\begin{bmatrix}1&-1&2\\0&1&3\end{bmatrix},$$

$$AB=C=\begin{bmatrix}2\times1+1\times0&2\times(-1)+1\times1&2\times2+1\times3\\3\times1+4\times0&3\times(-1)+4\times1&3\times2+4\times3\end{bmatrix}=\begin{bmatrix}2&-1&7\\3&1&18\end{bmatrix}$$

注意: AB 與 BA 不一定相等 $\rightarrow AB\neq BA$

$$A=\begin{bmatrix}1&3\\2&4\end{bmatrix},\quad B=\begin{bmatrix}1&-1\\0&2\end{bmatrix},$$

$$AB=\begin{bmatrix}1&3\\2&4\end{bmatrix}\begin{bmatrix}1&-1\\0&2\end{bmatrix}=\begin{bmatrix}1&5\\2&6\end{bmatrix}$$

$$BA=\begin{bmatrix}1&-1\\0&2\end{bmatrix}\begin{bmatrix}1&3\\2&4\end{bmatrix}=\begin{bmatrix}-1&-1\\4&8\end{bmatrix}$$

若 $AB=BA$, 則二矩陣為 "可交換" (commute).

$$A=\begin{bmatrix}-1&0\\0&-1\end{bmatrix},\quad B=\begin{bmatrix}0&1\\1&0\end{bmatrix},$$

$$AB=\begin{bmatrix}-1&0\\0&-1\end{bmatrix}\begin{bmatrix}0&1\\1&0\end{bmatrix}=\begin{bmatrix}0&-1\\-1&0\end{bmatrix}=BA$$

1-2 方矩陣的乘法單位矩陣, 反矩陣

單位矩陣(Unit matrix , I), 對角線元素為 1, 其餘元素為 0,

$$I_{n\times n}=\begin{bmatrix}1&0&\cdots&0\\0&1&\cdots&0\\\cdots&\cdots&\cdots&\cdots\\0&0&\cdots&1\end{bmatrix}$$

$$AI=IA=A$$

[例題]. 若 $A=\begin{bmatrix}-1&0\\2&3\end{bmatrix}$, 證明 $AI=IA=A$

$$AI=\begin{bmatrix}-1&0\\2&3\end{bmatrix}\begin{bmatrix}1&0\\0&1\end{bmatrix}=\begin{bmatrix}-1&0\\2&3\end{bmatrix}=IA$$

方矩陣 A 的反矩陣 (Inverse matrix) 記為 A^{-1}。若 A^{-1} 存在, 則

$$AA^{-1}=A^{-1}A=I$$

[例題]. 若 $A=\begin{bmatrix}-1&0\\2&3\end{bmatrix}$, $A^{-1}=\begin{bmatrix}-1&0\\2/3&1/3\end{bmatrix}$, 證明 $AA^{-1}=A^{-1}A=I$

$$AA^{-1}=\begin{bmatrix}-1&0\\2&3\end{bmatrix}\begin{bmatrix}-1&0\\2/3&1/3\end{bmatrix}=\begin{bmatrix}1&0\\0&1\end{bmatrix}=A^{-1}A$$

$A=\begin{bmatrix}a_{11}&\cdots&a_{1n}\\\cdots&\cdots&\cdots\\a_{n1}&\cdots&a_{nn}\end{bmatrix}$, A^{-1} 存在的條件為 A 的行列式值不等於 0,

$$\det A=\begin{vmatrix}a_{11}&\cdots&a_{1n}\\\cdots&\cdots&\cdots\\a_{n1}&\cdots&a_{nn}\end{vmatrix}\neq 0$$

[例題]. $A=\begin{bmatrix}-1 & 0\\ 2 & 3\end{bmatrix}$ 的反矩陣是否存在?

$\det A=\begin{vmatrix}-1 & 0\\ 2 & 3\end{vmatrix}=-3\neq 0$ A^{-1} 存在.

[例題]. $A=\begin{bmatrix}3 & 4\\ 3 & 4\end{bmatrix}$ 的反矩陣是否存在?

$\det A=\begin{vmatrix}3 & 4\\ 3 & 4\end{vmatrix}=0$ A^{-1} 不存在

若 $\det A\neq 0, A$ 的反矩陣的求法為:

$$A^{-1}=\frac{adjA}{\det A}$$

$$adjA=\begin{bmatrix}C_{11} & C_{21} & \cdots & C_{n1}\\ C_{12} & C_{22} & \cdots & C_{n2}\\ \cdots & \cdots & \cdots & \cdots\\ C_{1n} & C_{2n} & \cdots & C_{nn}\end{bmatrix}$$

C_{ij} 為 a_{ij} 的輔因子 (Cofactor),: $C_{ij}=(-1)^{i+j}M_{ij}$

M_{ij} 為 A 的餘因子 (minor),為將矩陣 A 的 i 列與 j 行元素去除後所剩下矩陣的行列式值。

[例題]. 試找出 $A=\begin{bmatrix}2 & 1 & 3\\ 1 & 4 & 2\\ 3 & 2 & 1\end{bmatrix}$ 的反矩陣

A 的輔因子矩陣元素為:

$C_{11}=0$ $C_{21}=5$ $C_{31}=-10$ $C_{12}=5$ $C_{22}=-7$ $C_{32}=-1$
$C_{13}=-10$ $C_{23}=-1$ $C_{33}=7$

A 的行列式的值為 $\det A = -25$,

$$A^{-1} = \left(\frac{1}{-25}\right)\begin{bmatrix} 0 & 5 & -10 \\ 5 & -7 & -1 \\ -10 & -1 & 7 \end{bmatrix}$$

檢驗 AA^{-1},

$$AA^{-1} = \left(\frac{1}{-25}\right)\begin{bmatrix} 2 & 1 & 3 \\ 1 & 4 & 2 \\ 3 & 2 & 1 \end{bmatrix}\begin{bmatrix} 0 & 5 & -10 \\ 5 & -7 & -1 \\ -10 & -1 & 7 \end{bmatrix} = \begin{bmatrix} 1 & 0 & 0 \\ 0 & 1 & 0 \\ 0 & 0 & 1 \end{bmatrix} = I$$

同理，可檢驗 $A^{-1}A = I$ 。

$(AB)^{-1} = B^{-1}A^{-1}$

証明:

設 $AB = C$

上式兩邊同乘 $B^{-1}A^{-1}$, $B^{-1}A^{-1}(AB) = B^{-1}A^{-1}C$

左側為 $B^{-1}(A^{-1}A)B = B^{-1}IB = B^{-1}B = I$

故 $I = B^{-1}A^{-1}C = (B^{-1}A^{-1})C$

上式表示 $B^{-1}A^{-1}$ 是 C 的反矩陣，

$C^{-1} = (AB)^{-1} = B^{-1}A^{-1}$

[例題]. $A = \begin{bmatrix} -1 & 0 \\ 2 & 3 \end{bmatrix}$, $B = \begin{bmatrix} 1 & 1 \\ 4 & 5 \end{bmatrix}$, 証明 $(AB)^{-1} = B^{-1}A^{-1}$

$$A^{-1} = \begin{bmatrix} -1 & 0 \\ 2/3 & 1/3 \end{bmatrix}$$

$$B^{-1}=\begin{bmatrix}5 & -1\\ -4 & 1\end{bmatrix}$$

$$AB=\begin{bmatrix}-1 & 0\\ 2 & 3\end{bmatrix}\begin{bmatrix}1 & 1\\ 4 & 5\end{bmatrix}=\begin{bmatrix}-1 & -1\\ 14 & 17\end{bmatrix},$$

$$(AB)^{-1}=\begin{bmatrix}-17/3 & -1/3\\ 14/3 & 1/3\end{bmatrix} \qquad \text{(a)}$$

$$B^{-1}A^{-1}=\begin{bmatrix}5 & -1\\ -4 & 1\end{bmatrix}\begin{bmatrix}-1 & 0\\ 2/3 & 1/3\end{bmatrix}=\begin{bmatrix}-17/3 & -1/3\\ 14/3 & 1/3\end{bmatrix} \qquad \text{(b)}$$

(a) = (b), 故, $(AB)^{-1}=B^{-1}A^{-1}$

$$(ABC\cdots XY)^{-1}=Y^{-1}X^{-1}\cdots C^{-1}B^{-1}A^{-1}$$

1-3 方矩陣的特徵值

n 列 n 行的方矩陣 $A_{n\times n}$稱為 n 階方矩陣或稱為 n 維方矩陣。此矩陣的階數為 n 或稱此矩陣的維度為 n。 矩陣 $A_{n\times n}$的特徵值 (character) 為其對角線元素 (k 列 k 行元素) 的和,

$$\chi=a_{11}+a_{22}+\cdots+a_{nn}=\sum_{k=1}^{n}a_{kk}$$

[例題]. 試寫出矩陣 $\begin{bmatrix}2 & 1 & 4\\ 5 & 3 & 1\\ 1 & 0 & -1\end{bmatrix}$ 的特徵值

特徵值: $\chi=2+3+(-1)=4$。

單位矩陣的特徵值必等於其階數。

$$\chi_I=\sum_{k=1}^{n}a_{kk}=\sum_{k=1}^{n}1=(1+1+\cdots+1)=n$$

[例題]. 試寫出 3 階單位矩陣 $A=\begin{bmatrix}1&0&0\\0&1&0\\0&0&1\end{bmatrix}$ 的特徵值

特徵值必等於其階數 $\chi=3$。

矩陣相乘重要的性質:

二矩陣相乘，不論其相乘的次序為何，其乘積矩陣的特徵值均相同

$\chi_{AB}=\chi_{BA}$

[例題]. $A=\begin{bmatrix}1&3\\2&4\end{bmatrix}, B=\begin{bmatrix}1&-1\\0&2\end{bmatrix}$，試証 $\chi_{AB}=\chi_{BA}$

$$AB=\begin{bmatrix}1&3\\2&4\end{bmatrix}\begin{bmatrix}1&-1\\0&2\end{bmatrix}=\begin{bmatrix}1&5\\2&6\end{bmatrix}$$

$$BA=\begin{bmatrix}1&-1\\0&2\end{bmatrix}\begin{bmatrix}1&3\\2&4\end{bmatrix}=\begin{bmatrix}-1&-1\\4&8\end{bmatrix}$$

雖然 $AB\neq BA$，但

$$\chi_{AB}=\chi\left(\begin{bmatrix}1&5\\2&6\end{bmatrix}\right)=7,\quad \chi_{BA}=\chi\left(\begin{bmatrix}-1&-1\\4&8\end{bmatrix}\right)=7$$

$$\chi_{AB}=\chi_{BA}=7$$

定理証明:

設 $AB=C$，$BA=D$，則特徵值分別為

$$\chi_{AB}=\chi_C=\sum_j c_{jj}=\sum_j\sum_k a_{jk}b_{kj}$$

$$\chi_{BA}=\chi_D=\sum_k d_{kk}=\sum_k\sum_j b_{kj}a_{jk}=\sum_j\sum_k a_{jk}b_{kj}=\chi_C \qquad \text{Q.E.D.}$$

對角線塊狀矩陣 (block diagonal matrix):

對角線塊狀矩陣的形式如圖 1-1 所示，為僅有沿對角線的塊狀有非零

元素的方矩陣。

$$\begin{bmatrix} 3 & 2 & 0 & 0 \\ 1 & 4 & 0 & 0 \\ 0 & 0 & 1 & 0 \\ 0 & 0 & 0 & 2 \end{bmatrix} \qquad \begin{bmatrix} 3 & 2 & 0 & 0 \\ 1 & 4 & 0 & 0 \\ 0 & 0 & 1 & 0 \\ 0 & 0 & 0 & 2 \end{bmatrix}$$

圖 1-1 對角線塊狀矩陣

對角線塊狀矩陣的特徵值為每一塊特徵值的和。如上例中的對角線塊狀矩陣，其特徵值為沿對角線的三個矩陣特徵值的和，即

$$\chi = \chi_1 + \chi_2 + \chi_3 = (3+4)+(1)+(2) = 10$$

1-4 矩陣的相似轉換

方矩陣 A 經過下列的轉換步驟稱為相似轉換 (similarity transformation):

$$B = X^{-1} A X$$

B 稱為 A 的相似轉換矩陣

式中, X 為與 A 同階的方矩陣, X^{-1} 為 X 的反矩陣。

B 的特徵值為:

$$\chi(B) = \chi(X^{-1}AX) = \chi((X^{-1}A)X)$$

(因特徵值與矩陣相乘的次序無關: $\chi(CD) = \chi(DC)$),

故

$$\chi(B) = \chi(X(X^{-1}A)) = \chi((XX^{-1})A) = \chi(IA) = \chi(A)$$

式中, I 為單位矩陣。上式為矩陣相似轉換的特徵特性，即轉換前後，矩陣的特徵值不變。

[例題]. $A = \begin{bmatrix} 3 & 1 \\ 2 & 4 \end{bmatrix}, X = \begin{bmatrix} 0 & -1 \\ 1 & 0 \end{bmatrix}, X^{-1} = \begin{bmatrix} 0 & 1 \\ -1 & 0 \end{bmatrix}$，若 B 為 A 的相似轉換矩陣，試証 $\chi_B = \chi_A$

$\chi_A = 7$，

A 的相似轉換為

$$B = X^{-1}AX = \begin{bmatrix} 0 & 1 \\ -1 & 0 \end{bmatrix}\begin{bmatrix} 3 & 1 \\ 2 & 4 \end{bmatrix}\begin{bmatrix} 0 & -1 \\ 1 & 0 \end{bmatrix} = \begin{bmatrix} 4 & -2 \\ -1 & 3 \end{bmatrix}$$

$\chi_B = 7$

$\chi_B = \chi_A$，得証

第二章　分子對稱

2-1 對稱操作與對稱元素

a.　恆等操作元素 (identity), 符號為 “E”

b.　對稱平面 (symmetry plane) 符號為 “σ”

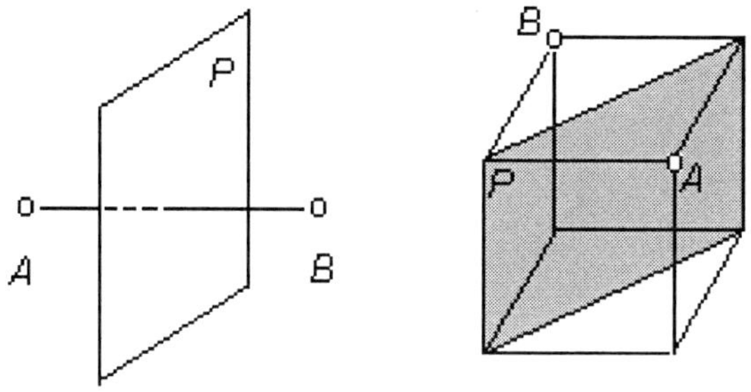

圖. 2-1　對稱平面

[例題]　顯示 NH_3 分子的三個對稱平面

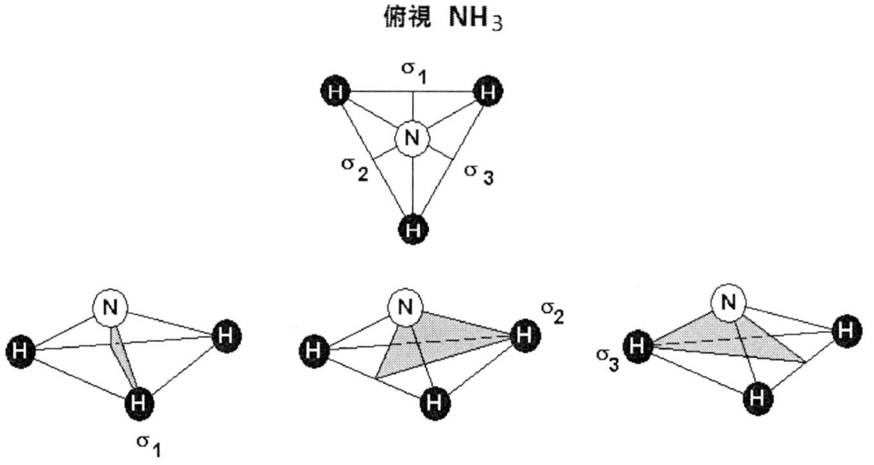

圖 2-2 NH_3 分子的三個對稱平面

c.　對稱中心 (inversion center), 符號為 “i”

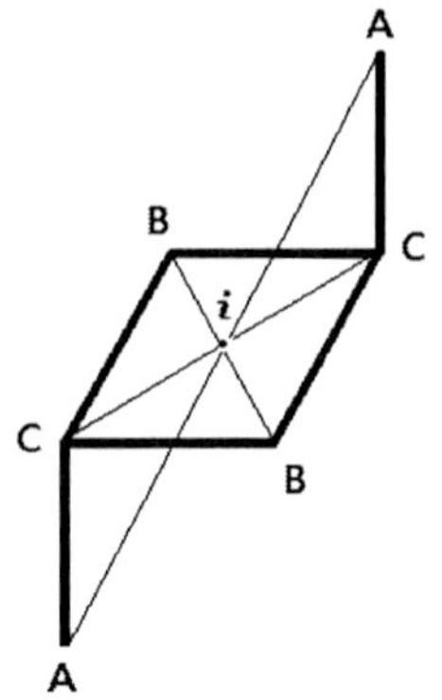

圖 2-3 對稱中心 i

d.　旋轉軸 (rotation axis), 符號為 “C_n”

其下標 n 的意義為分子繞特定的軸旋轉 $\theta = \frac{2\pi}{n}$ 後構形不變。如圖 2-4 中所顯示的 NH_3 的 C_3 軸, C_6H_6 的 C_6 軸, CH_4 的 C_2 軸等。

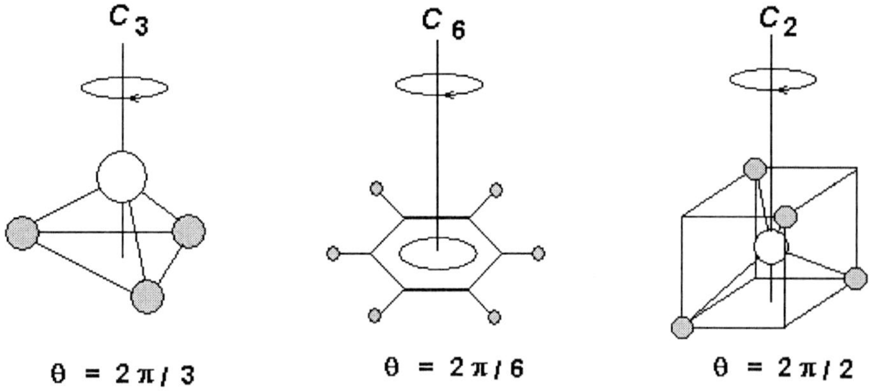

圖 2-4 NH_3, C_6H_6 與 CH_4 的轉軸

若繞著 C_n 軸以 $2\pi/n$ 之角度旋轉 m 次, 則共繞著軸旋轉 $2m\pi/n$, 記為 “C_n^m”。

$$C_n^n = E, \quad C_n^{n+1} = C_n, \quad C_n^{n+2} = C_n^2, \ldots$$

[例題] 找出 C_3^2, C_6^5, C_4^2 的旋轉角度

C_3^2 代表旋轉 240°, C_6^5 代表旋轉 300°, C_4^2: 代表旋轉 180°。

C_4^2: 相當於 C_2, $C_4^2 = C_2$。

C_n^m 以 m/n 的最簡分式表示，如將 C_6^2, C_6^3, C_6^4 分別表為 C_3, C_2, C_3^2 等。

e. 非真旋轉軸 (improper axis)，符號為 "S_n"

非真旋轉軸所對應的非真旋轉操作包含兩個步驟。經過這兩個步驟的對稱操作後，分子的構形不變。一個步驟為繞著該軸旋轉 $\theta = \frac{2\pi}{n}$，相當於進行 C_n 的對稱操作；另一步驟為對該軸所垂直的平面進行平面的對稱操作。如圖 2-5 中的 S_4 非真旋轉。

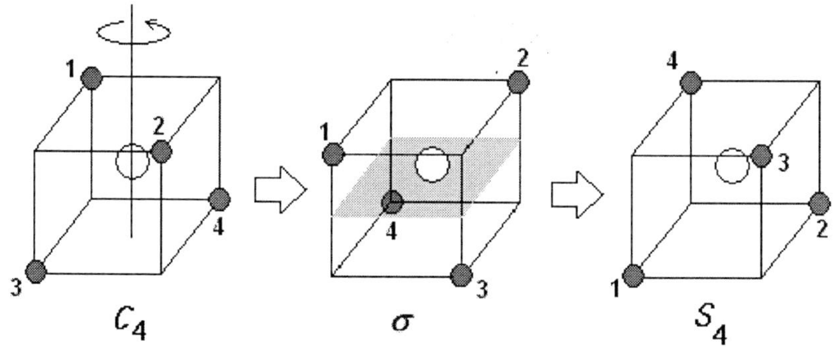

圖. 2-5 S_4 非真旋轉

圖中的系統，先旋轉 90° (= C_4)，再對平面反射，結果得到與原先一樣的構形。此轉軸稱為 S_4 軸。

圖 2-6 顯示 S_6 的非真旋轉。圖中列出兩種不同的組合：第一種對稱操作為先旋轉 $\theta = \frac{2\pi}{6} = 60^\circ$，轉動後再對平面進行反射的對稱操作 (I→II→IV)；第二種對稱操作為先對平面進行平面的反射操作，再旋轉 $\theta = \frac{2\pi}{6} = 60^\circ$ (I→III→IV)。由圖 2-6 可知，不論其操作的次序如何，其結果均相同。因此，非真旋轉操作可以任何一種順序進行。

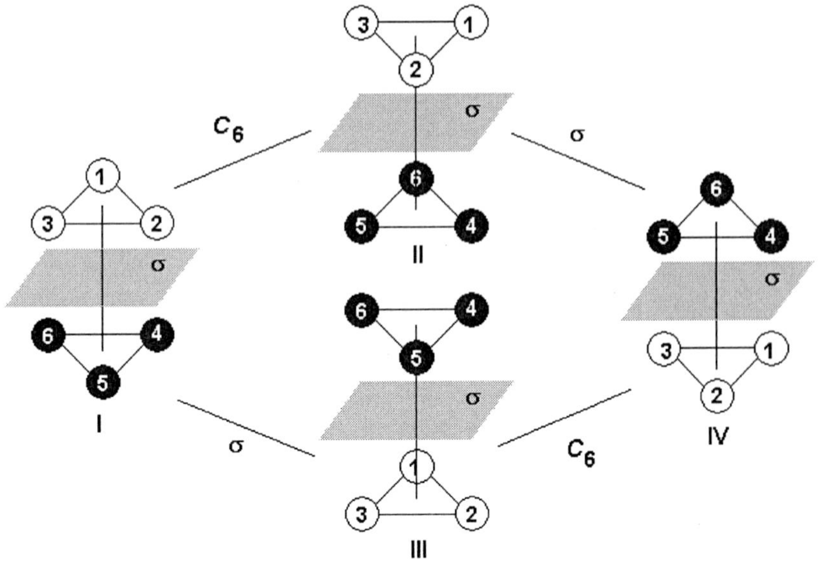

圖 2-6 S_6 非真旋轉

S_n 元素可產生一組操作 $S_n, S_n^2, S_n^3, ...$ 等。S_n^m 的操作為先進行 C_n^m 的旋轉, 再進行平面映射的對稱操作。

2-2 分子對稱元素的討論

在討論分子的對稱性及對稱元素時, 將分子中的各原子視為 ”點” 或 “球”。 對稱性不同的分子含有不同的對稱元素。

[例題] 找出 H_2O 與 NH_3 的對稱元素

H_2O: E, 2 個 σ 平面, C_2 轉軸;　　NH_3 : E, C_3 轉軸, 3 個 σ 平面

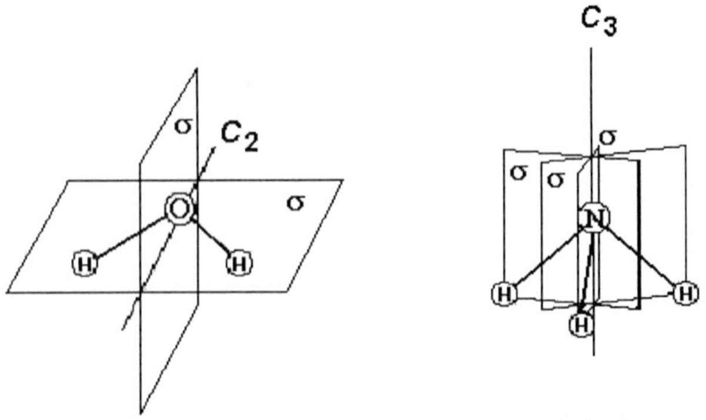

圖. 2-7 H_2O 與 NH_3 的對稱元素

為了區分這些對稱元素，需要分別予以命名。若分子含有不只一種的 C_n(含 C_n^m)元素，則稱其中 n 值最大者為主軸 (principal axis)。

[例題]　找出 C_6H_6 與平面 AB_4 分子的轉軸

C_6H_6 分子，含有 C_6, 及垂直 C_6 的 C_2 軸，其主軸為 C_6。

平面 AB_4 分子，含有 C_4 及 C_2 軸，其主軸為 C_4。

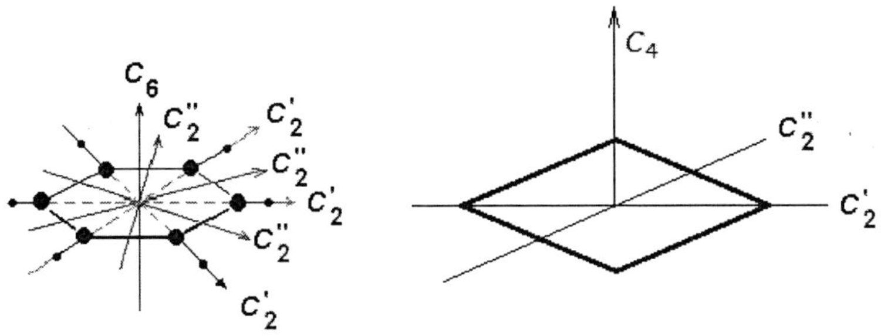

C_6H_6　　　　　　　　AB_4

圖 2-8 C_6H_6 與平面 AB_4 分子的轉軸

在 C_6H_6 中，主軸 C_6 產生的一系列不同的操作為 C_6, $C_6^2 = C_3$, $C_6^3 = C_2$, $C_6^4 = C_3^2$, C_6^5, 及 $C_6^6 = E$。因其中已含有 C_2, 故垂直於 C_6 的 C_2 軸以上標加以區分。若 C_2 軸通過原子，則標為 C_2'，否則標為 C_2"。

分子的對稱平面，若包含主軸稱為 σ_v 平面

分子的對稱平面，若垂直主軸稱為 σ_h 平面

[例題]　定義 H_2O 與 NH_3 的對稱面

H_2O 含有兩個 σ_v 對稱平面，均包含主軸 C_2;

NH_3 亦有三個包含主軸 C_3 的 σ_v 對稱平面。

[例題]　定義平面四邊形分子 (如 $[PtCl_4]^{2-}$, $[AuCl_4]^-$) 的對稱面與對稱軸。

平面正四邊形分子，這類的分子如 $[PtCl_4]^{2-}$ 或 $[AuCl_4]^-$ 等，具有 5 個對稱面。其中，垂直主軸 C_4 的平面，稱為 σ_h。包含主軸的平面有兩種，一種包含邊際原子的，或稱包含 C_2' 軸的稱為 σ_v, 另一種未包含邊際原子，或稱為在兩根 C_2' 軸交角的平分線上的，稱為 σ_d。

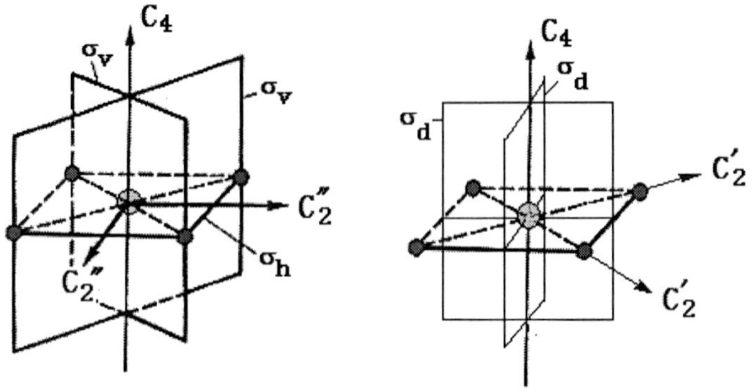

圖 2-9 平面四邊形分子的對稱面與對稱軸

2-3 對稱操作的矩陣表示法:

對稱操作可以將其表為矩陣的形式。圖 2-10 顯示 NH_3 分子的 C_3 旋轉。旋轉後, N 原子不動, 編號為 H_1 的原子移至 2 的位置, 編號為 H_2 的原子移至 3 的位置, 編號為 H_3 的原子移至 1 的位置。

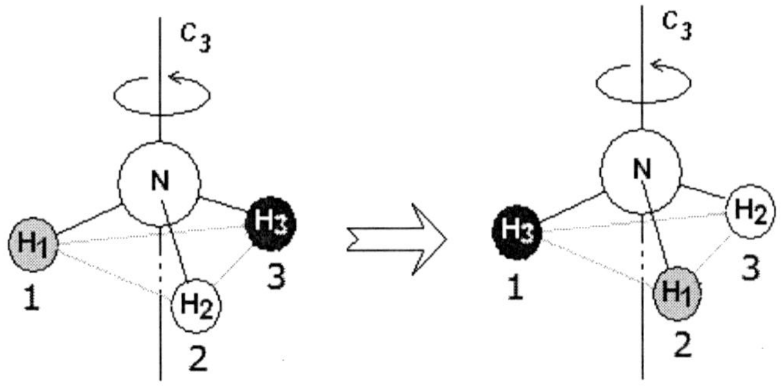

圖 2-10 NH_3 分子的 C_3 旋轉

以分子中的原子排列的位置為一向量, 則旋轉前後此分子中原子排列的向量表示法為:

$$\text{旋轉前: } \bar{X}_0 = \begin{bmatrix} \mathrm{N} \\ \mathrm{H_1} \\ \mathrm{H_2} \\ \mathrm{H_3} \end{bmatrix}, \quad \text{旋轉後: } \bar{X}_1 = \begin{bmatrix} \mathrm{N} \\ \mathrm{H_3} \\ \mathrm{H_1} \\ \mathrm{H_2} \end{bmatrix}$$

旋轉前後的關係可寫成數學式:

$$\bar{X}_1 = \hat{R}_{C_3}\bar{X}_0$$

$\hat{R}_{C_3}$ 為一表示 C_3 旋轉動作的矩陣。比較 $\bar{X}_1$ 及 $\bar{X}_0$ 兩向量中各原子的排列，可知此矩陣為:

$$\hat{R}_{C_3} = \begin{bmatrix} 1 & 0 & 0 & 0 \\ 0 & 0 & 0 & 1 \\ 0 & 1 & 0 & 0 \\ 0 & 0 & 1 & 0 \end{bmatrix}$$

故此旋轉 120° 的操作以矩陣與向量的乘法形式寫出為:

$$\text{旋轉後} \Rightarrow \begin{bmatrix} N \\ \textcircled{H_3} \\ H_1 \\ H_2 \end{bmatrix} = \begin{bmatrix} 1 & 0 & 0 & 0 \\ \boxed{0 \quad 0 \quad 0 \quad 1} \\ 0 & 1 & 0 & 0 \\ 0 & 0 & 1 & 0 \end{bmatrix} \begin{bmatrix} \boxed{\begin{matrix} N \\ H_1 \\ H_2 \\ H_3 \end{matrix}} \end{bmatrix} \Leftarrow \text{旋轉前}$$

[例題] 矩陣與向量的相乘依照一般的相乘原則。

例如 $\bar{X}_1$ 中的第二個元素等於 $\hat{R}_{C_3}$ 矩陣的第二列與 $\bar{X}_0$ 的積

$$= 0 \times \mathrm{N} + 0 \times \mathrm{H}_1 + 0 \times \mathrm{H}_2 + 1 \times \mathrm{H}_3 = 0 + 0 + 0 + \mathrm{H}_3 = \mathrm{H}_3$$

同理，將 H_2O 分子的所有對稱操作以矩陣表示為:

E	C_2	$\sigma_v(1)$	$\sigma_v(2)$	原子排列
$\begin{bmatrix} 1 & 0 & 0 \\ 0 & 1 & 0 \\ 0 & 0 & 1 \end{bmatrix}$	$\begin{bmatrix} 1 & 0 & 0 \\ 0 & 0 & 1 \\ 0 & 1 & 0 \end{bmatrix}$	$\begin{bmatrix} 1 & 0 & 0 \\ 0 & 1 & 0 \\ 0 & 0 & 1 \end{bmatrix}$	$\begin{bmatrix} 1 & 0 & 0 \\ 0 & 0 & 1 \\ 0 & 1 & 0 \end{bmatrix}$	$\begin{bmatrix} \mathrm{O} \\ \mathrm{H}_1 \\ \mathrm{H}_2 \end{bmatrix}$

像這樣依原子排列位置的向量，稱為矩陣的基底向量 (base vector)。
除了以原子排列的位置為基底向量外，還有其他形式的基底向量。例如在 H_2O 分子中，可以以兩根 OH 鍵為基底向量，如圖 2-11 所示，

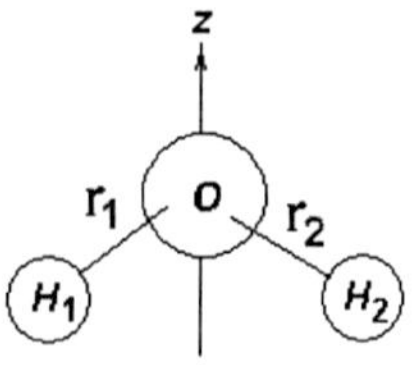

圖 2-11　H_2O 的 OH 鍵

水分子的 OH 鍵構成一 2 階向量:

$$X = \begin{bmatrix} r_1 \\ r_2 \end{bmatrix}$$

以此為基底向量的對稱操作矩陣其階數亦為 2。例如, 繞著 z 軸轉動 180° 的 C_2 操作, 代表此操作的矩陣及轉動後的向量為:

$$\begin{bmatrix} r_2 \\ r_1 \end{bmatrix} = \begin{bmatrix} 0 & 1 \\ 1 & 0 \end{bmatrix} \begin{bmatrix} r_1 \\ r_2 \end{bmatrix}$$

2-4 對稱操作的結合

由數個對稱操作連續作用於分子所產生的淨效應, 可以數學式表示。若先執行 X 操作, 再執行 Y 操作, 其淨效應相當於 Z 操作, 將此關係的數學式為:

$$YX = Z$$

[例題] 試証在 NH_3 分子中, 先執行 C_3 旋轉, 再執行 $\sigma_v(1)$ 平面反射, 其結果等同執行 $\sigma_v(2)$ 的平面反射

如圖 2-12 所示:

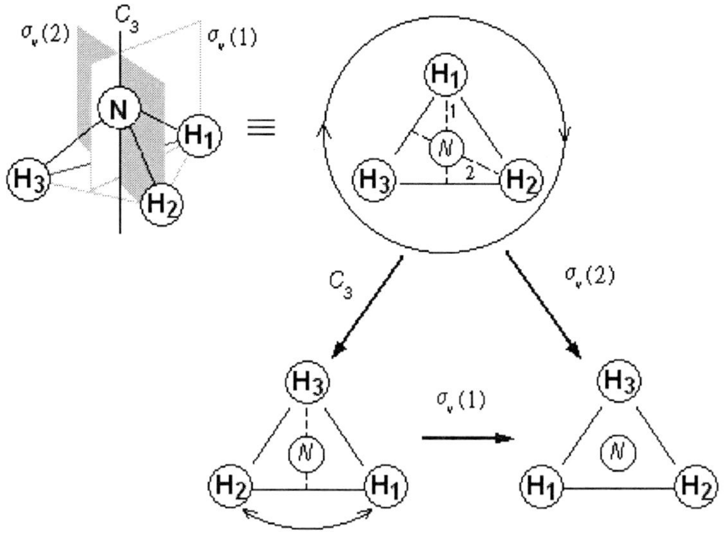

圖 2-12　NH_3 的對稱操作結合

以上的對稱操作的結合，可以以數學式表示為

$$\sigma_v(1)\cdot C_3 = \sigma_v(2)$$

檢驗這種對稱操作的結合，除了 以圖形表示的方式外，最方便之方法，是利用矩陣的乘法。

下表列出以 NH_3 分子以原子排列為基底的對稱操作矩陣:

E	C_3	C_3^2	$\sigma_v(1)$	$\sigma_v(2)$	$\sigma_v(3)$	原子排列
$\begin{bmatrix}1&0&0&0\\0&1&0&0\\0&0&1&0\\0&0&0&1\end{bmatrix}$	$\begin{bmatrix}1&0&0&0\\0&0&0&1\\0&1&0&0\\0&0&1&0\end{bmatrix}$	$\begin{bmatrix}1&0&0&0\\0&0&1&0\\0&0&0&1\\0&1&0&0\end{bmatrix}$	$\begin{bmatrix}1&0&0&0\\0&1&0&0\\0&0&0&1\\0&0&1&0\end{bmatrix}$	$\begin{bmatrix}1&0&0&0\\0&0&0&1\\0&0&1&0\\0&1&0&0\end{bmatrix}$	$\begin{bmatrix}1&0&0&0\\0&0&1&0\\0&1&0&0\\0&0&0&1\end{bmatrix}$	$\begin{bmatrix}N\\H_1\\H_2\\H_3\end{bmatrix}$

以符號 $\hat{R}(A)$ 表示對應於對稱操作 A 的矩陣，則此二對稱操作 $\sigma_v(1)$ 與 C_3 的結合以矩陣的乘法表示為:

$$\hat{R}(\sigma_v(1))\hat{R}(C_3)=\begin{bmatrix}1&0&0&0\\0&1&0&0\\0&0&0&1\\0&0&1&0\end{bmatrix}\begin{bmatrix}1&0&0&0\\0&0&0&1\\0&1&0&0\\0&0&1&0\end{bmatrix}=\begin{bmatrix}1&0&0&0\\0&0&0&1\\0&0&1&0\\0&1&0&0\end{bmatrix}=\hat{R}(\sigma_v(2))$$

故以矩陣的乘法可檢驗 $\sigma_v(1)$ 與 C_3 的結合結果與 $\sigma_v(2)$ 相同。又如, C_3^2 的對稱操作相當於繞 C_3 軸旋轉 240°, 即先旋轉 120° 再旋轉 120°, 為兩個 C_3 操作的結合。這種結合關係, 以數學式表示為

$$C_3 \cdot C_3 = C_3^{\ 2}$$

以矩陣的乘法檢驗上連續操作關係, 得

$$\hat{R}(C_3)\cdot\hat{R}(C_3)=\begin{bmatrix}1&0&0&0\\0&0&0&1\\0&1&0&0\\0&0&1&0\end{bmatrix}\begin{bmatrix}1&0&0&0\\0&0&0&1\\0&1&0&0\\0&0&1&0\end{bmatrix}=\begin{bmatrix}1&0&0&0\\0&0&1&0\\0&0&0&1\\0&1&0&0\end{bmatrix}=\hat{R}(C_3^{\ 2})$$

因此, 對稱操作的結合可以表示為對應的矩陣相乘。

2-5 分子坐標系統

在研究分子對稱性時, 一般採用右手定則以定義坐標軸 x, y, z 的方向。 右手定則的坐標系統表示法如圖 2-13 所示:

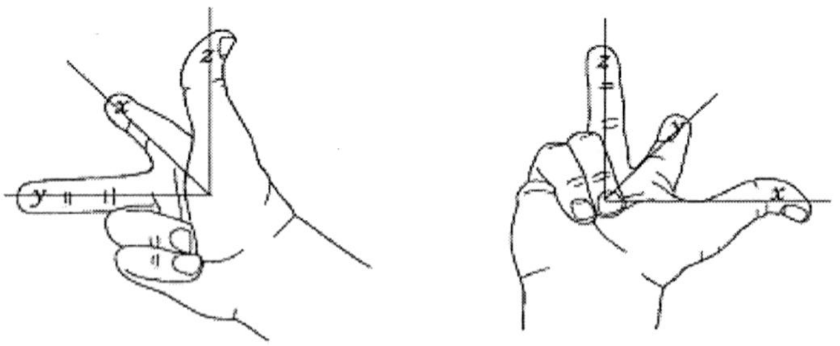

圖 2-13 右手定則的 x, y, z 方向

定義分子坐標系統依如下的通則:

1. 定分子中心原子, 或分子的幾何中心為坐標軸的原點。
2. 將主軸定為 z 軸。若分子有不只一根主軸, 則通常以通過最多原子數目的為 z 軸。

[例題] 定義 $CH_2{=}C{=}CH_2$ 的坐標系統

$CH_2{=}C{=}CH_2$ 分子中, x, y, z 軸均為 C_2, 但 z 軸通過最多原子數。

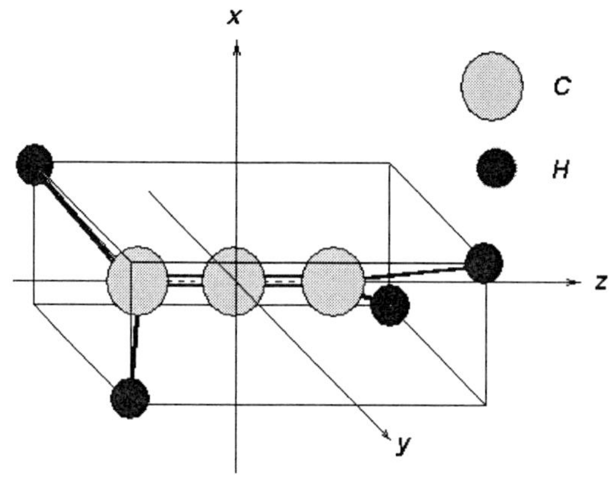

圖 2-14 $CH_2{=}C{=}CH_2$ 的坐標系統

此通則惟一例外的是正四面體分子, 在此型的分子中, 階數最高的為 C_3 軸, 但通常定 x, y, z 軸與三根 C_2 軸同向, 如圖 2-15 所示的 CH_4 分子。

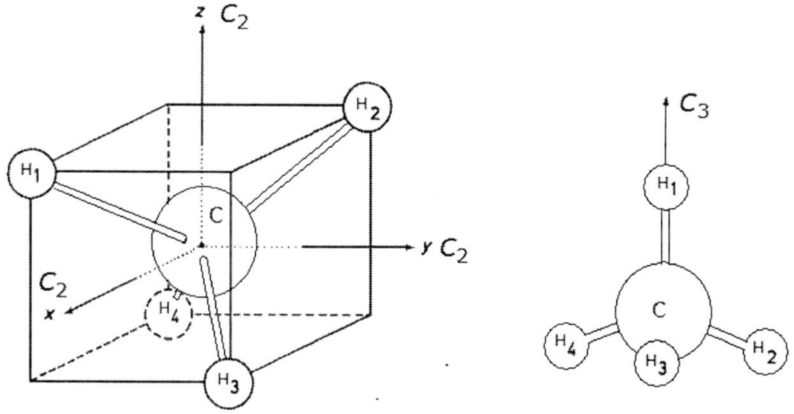

圖 2-15 正四面體分子 CH_4 的坐標系統

平面分子中，若 z 軸垂直於分子平面，則定義 x 軸位於分子平面上，且通過最多的原子

[例題]　定義平面 XeF_4 分子的坐標系統

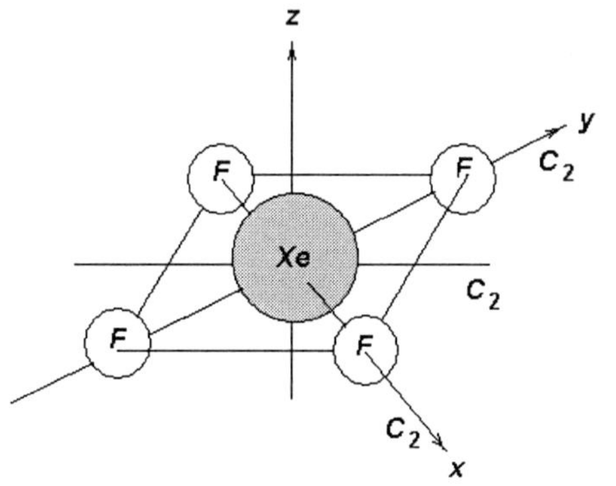

圖 2-16　XeF_4 分子的坐標系統

若 z 軸位於分子平面上，則 x 軸定為位於分子平面垂直 z 軸的軸。

[例題] 定義平面 H_2O 分子的坐標系統

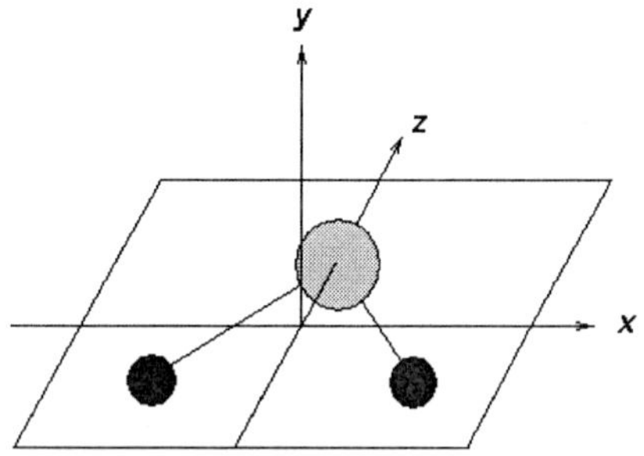

圖 2-17　H_2O 分子的坐標系統

對非平面分子，當 z 軸決定後，x 軸的選取通常依 xz 平面能含有最多數目的原子為原則。

[例題]　定義 NH_3 分子的坐標系統

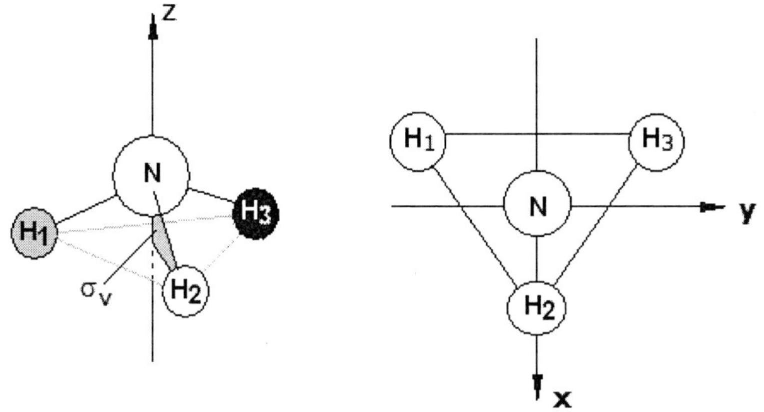

圖 2-18 NH_3 分子的坐標系統

2-6 坐標點對稱操作的矩陣表示法

設 $P(x,y)$ 為平面上的一點, 向量 OP 與 X 軸之夾角為 θ。將向量 OP 繞著 Z 軸以逆時鐘方向旋轉 α 至 $P'(x',y')$。

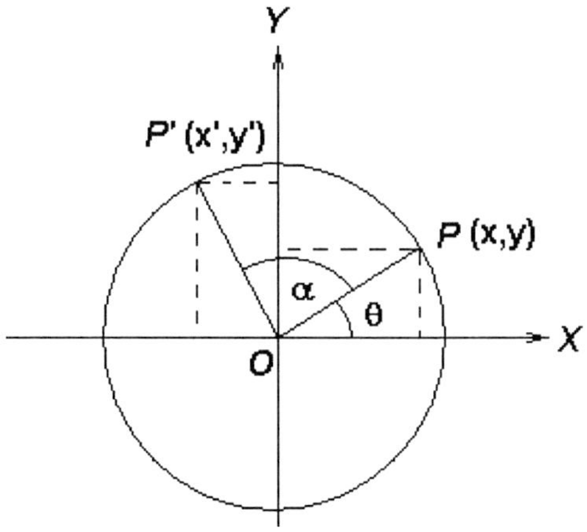

圖 2-19 **坐標點繞** z 軸旋轉

依圖可得:

$$\begin{cases} x = |OP|\cos\theta \\ y = |OP|\sin\theta \end{cases}$$

$$\begin{cases} x' = |OP|\cos(\alpha+\theta) = |OP|(\cos\alpha\cos\theta - \sin\alpha\sin\theta) = x\cos\alpha - y\sin\alpha \\ y' = |OP|\sin(\alpha+\theta) = |OP|(\sin\alpha\cos\theta + \cos\alpha\sin\theta) = x\sin\alpha + y\cos\alpha \end{cases}$$

或將上關係式寫成向量與矩陣的形式

$$\begin{bmatrix} x' \\ y' \end{bmatrix} = \begin{bmatrix} \cos\alpha & -\sin\alpha \\ \sin\alpha & \cos\alpha \end{bmatrix} \begin{bmatrix} x \\ y \end{bmatrix}$$

由上關係式可知繞著 Z 軸以逆時針方向旋轉 α 的操作矩陣為:

$$\hat{R}(\alpha) = \begin{bmatrix} \cos\alpha & -\sin\alpha \\ \sin\alpha & \cos\alpha \end{bmatrix}$$

因 $\cos(-\alpha) = \cos\alpha$, $\sin(-\alpha) = -\sin\alpha$, 故順時針方向的旋轉 α 的操作矩陣為

$$\begin{bmatrix} \cos\alpha & \sin\alpha \\ -\sin\alpha & \cos\alpha \end{bmatrix}$$

以上為 xy 平面上一點的旋轉矩陣表示法。若為三度空間的坐標點 (x, y, z) 繞 z 軸以逆時針方向旋轉 α, 則其旋轉矩陣為

$$\hat{R}_z(\alpha) = \begin{bmatrix} \cos\alpha & -\sin\alpha & 0 \\ \sin\alpha & \cos\alpha & 0 \\ 0 & 0 & 1 \end{bmatrix}$$

坐標點 (x, y, z) 經恆等操作 E 後, 其坐標不變, 故其矩陣表示法為:

$$\begin{bmatrix} x \\ y \\ z \end{bmatrix} = \begin{bmatrix} 1 & 0 & 0 \\ 0 & 1 & 0 \\ 0 & 0 & 1 \end{bmatrix} \begin{bmatrix} x \\ y \\ z \end{bmatrix}$$

即坐標點恆等操作的矩陣為單位矩陣。坐標點經坐標主平面 xy, yz 或 xz 反射的矩陣表示法為:

$$\sigma(xy): \begin{bmatrix} x \\ y \\ -z \end{bmatrix} = \begin{bmatrix} 1 & 0 & 0 \\ 0 & 1 & 0 \\ 0 & 0 & -1 \end{bmatrix} \begin{bmatrix} x \\ y \\ z \end{bmatrix} \qquad \sigma(yz): \begin{bmatrix} -x \\ y \\ z \end{bmatrix} = \begin{bmatrix} -1 & 0 & 0 \\ 0 & 1 & 0 \\ 0 & 0 & 1 \end{bmatrix} \begin{bmatrix} x \\ y \\ z \end{bmatrix}$$

$$\sigma(xz):\begin{bmatrix} x \\ -y \\ z \end{bmatrix}=\begin{bmatrix} 1 & 0 & 0 \\ 0 & -1 & 0 \\ 0 & 0 & 1 \end{bmatrix}\begin{bmatrix} x \\ y \\ z \end{bmatrix}$$

對稱中心產生的對稱操作相當於將坐標點 （x, y, z）轉為 （$-x, -y, -z$），故其矩陣表示法為:

$$\begin{bmatrix} -x \\ -y \\ -z \end{bmatrix}=\begin{bmatrix} -1 & 0 & 0 \\ 0 & -1 & 0 \\ 0 & 0 & -1 \end{bmatrix}\begin{bmatrix} x \\ y \\ z \end{bmatrix}$$

坐標點（x, y, z）繞著 x, y, z 軸以逆時針方向的純旋轉矩陣表示法為:

$$C_n(z):\begin{bmatrix} x' \\ y' \\ z' \end{bmatrix}=\begin{bmatrix} \cos\alpha & -\sin\alpha & 0 \\ \sin\alpha & \cos\alpha & 0 \\ 0 & 0 & 1 \end{bmatrix}\begin{bmatrix} x \\ y \\ z \end{bmatrix}$$

$$C_n(x):\begin{bmatrix} x' \\ y' \\ z' \end{bmatrix}=\begin{bmatrix} 1 & 0 & 0 \\ 0 & \cos\alpha & -\sin\alpha \\ 0 & \sin\alpha & \cos\alpha \end{bmatrix}\begin{bmatrix} x \\ y \\ z \end{bmatrix}$$

$$C_n(y):\begin{bmatrix} x' \\ y' \\ z' \end{bmatrix}=\begin{bmatrix} \cos\alpha & 0 & -\sin\alpha \\ 0 & 1 & 0 \\ \sin\alpha & 0 & \cos\alpha \end{bmatrix}\begin{bmatrix} x \\ y \\ z \end{bmatrix}$$

式中， $\alpha=\dfrac{2\pi}{n}$ 。

非真旋轉操作相當於先經過 C_n 的對稱操作，再對平面 σ 映射。若以矩陣表示，則為 C_n 矩陣與 σ 矩陣的結合。例如非真旋轉軸為 z 軸的矩陣表示法為:

$$\hat{S}_n(z):\begin{bmatrix} x' \\ y' \\ z' \end{bmatrix}=\begin{bmatrix} \cos\alpha & -\sin\alpha & 0 \\ \sin\alpha & \cos\alpha & 0 \\ 0 & 0 & -1 \end{bmatrix}\begin{bmatrix} x \\ y \\ z \end{bmatrix}$$

此矩陣相當於 σ 矩陣乘以 C_n 矩陣，或 C_n 矩陣乘以 σ 矩陣。
因為非真旋轉操作的先後次序並不影響其最後的結果，所以這兩個矩陣以不同次序相乘的結果也必定相同。

$$\hat{\sigma}_{xy}\cdot\hat{C}_n(z)=\begin{bmatrix}1&0&0\\0&1&0\\0&0&-1\end{bmatrix}\begin{bmatrix}\cos\alpha&-\sin\alpha&0\\\sin\alpha&\cos\alpha&0\\0&0&1\end{bmatrix}=\hat{S}_n(z)$$

$$\hat{C}_n(z)\cdot\hat{\sigma}_{xy}=\begin{bmatrix}\cos\alpha&-\sin\alpha&0\\\sin\alpha&\cos\alpha&0\\0&0&1\end{bmatrix}\begin{bmatrix}1&0&0\\0&1&0\\0&0&-1\end{bmatrix}=\hat{S}_n(z)$$

第三章　群論

3-1 群的定義

數學上定義一個群必須先選擇所對應的運算, 例如加, 減, 乘, 除等運算。對於所選擇的運算, 凡是合於下列規則的元素的集合稱為 ”群” (group)。

1. 所有元素具運算封閉性。
2. 含有運算的單位元素。
3. 每一元素對運算均有唯一的反元素。
4. 所有的元素對運算符合結合

[例題]　試証所有整數的集合對加法運算構成一個群

1. 任二整數 A, B 相加, 必仍為整數　(封閉性)
2. $A + 0 = 0 + A = A$　(加法的單位元素 0)
3. 對任一整數 A,
   $A + (-A) = (-A) + A = 0$　(單一加法反元素)
4. $A + (B + C) = (A + B) + C$　(結合律)

故所有整數的集合對加法運算構成一個群

[例題]　試証所有非零實數對乘法運算構成一個群

符合封閉性, 其乘法單位元素為 1, 每一元素均具有惟一的乘法反元素, 符合結合律。

所有非零實數對乘法運算構成一個群

3-2 分子對稱群

若將每一個對稱操作視為一個元素, 而將對稱操作的結合視為運算, 則分子所包含的對稱操作的結合運算構成一個群。這種由對稱操作所組成的群稱為分子的對稱群 ("molecular symmetry group")。

以 NH_3 分子為例, 其所含有的對稱操作為$\{E, C_3, C_3^2, \sigma_v(1), \sigma_v(2), \sigma_v(3)\}$。
NH_3 分子以原子排列為基底的各對稱操作的矩陣表示式如下表:

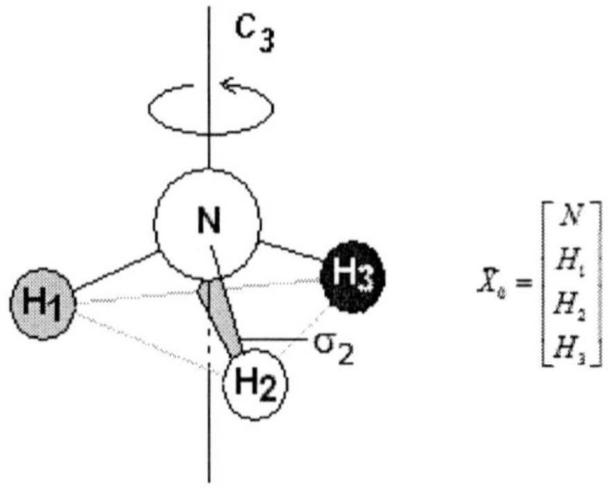

圖 3-1　NH_3 的 C_3 旋轉

E	C_3	C_3^2	$\sigma_v(1)$	$\sigma_v(2)$	$\sigma_v(3)$	原子
$\begin{bmatrix}1&0&0&0\\0&1&0&0\\0&0&1&0\\0&0&0&1\end{bmatrix}$	$\begin{bmatrix}1&0&0&0\\0&0&0&1\\0&1&0&0\\0&0&1&0\end{bmatrix}$	$\begin{bmatrix}1&0&0&0\\0&0&1&0\\0&0&0&1\\0&1&0&0\end{bmatrix}$	$\begin{bmatrix}1&0&0&0\\0&1&0&0\\0&0&0&1\\0&0&1&0\end{bmatrix}$	$\begin{bmatrix}1&0&0&0\\0&0&0&1\\0&0&1&0\\0&1&0&0\end{bmatrix}$	$\begin{bmatrix}1&0&0&0\\0&0&1&0\\0&1&0&0\\0&0&0&1\end{bmatrix}$	$\begin{bmatrix}N\\H_1\\H_2\\H_3\end{bmatrix}$

因對稱操作的結合可以表示為矩陣的乘積，因此將對稱群定義為對稱矩陣的乘法運算。

1. 單位元素為 $\hat{E}$ 矩陣。

   對集合中的任意一個矩陣 $\hat{A}$，$\hat{E}\hat{A} = \hat{A}\hat{E} = \hat{A}$。

2. 集合中的每一對稱操作矩陣元素均有其反元素的矩陣

   在 NH_3 中，$\hat{E}^{-1} = \hat{E}$，$\hat{C}_3^{-1} = \hat{C}_3^{2}$，$\hat{\sigma}_v(1)^{-1} = \hat{\sigma}_v(1)$，$\hat{\sigma}_v(2)^{-1} = \hat{\sigma}_v(2)$，$\hat{\sigma}_v(3)^{-1} = \hat{\sigma}_v(3)$。

   以符號 $\hat{R}^{-1}$ 表示對稱操作 $\hat{R}$ 的反元素，則以上的關係可以寫為：

   $\hat{C}_3 \cdot \hat{C}_3^{-1} = \hat{E}$；$\hat{\sigma}_v(1) \cdot \sigma_v(1)^{-1} = \hat{E}$；.....

3. 任意二對稱操作的結合，相當於 代表此二對稱操作矩陣的相乘，必等於集合中的一個對稱操作矩陣，即結合運算滿足封閉性

   $C_3 \cdot \sigma_v(1) = \sigma_v(3)$

   $\sigma_v(2) \cdot C_3^{\,2} = \sigma_v(2)$

4. 任意對稱操作的結合運算，相當於代表對稱操作矩陣的相乘，合於結合律，例如 $C_3 \cdot (\sigma_v(1) \cdot C_3^{\,2}) = (C_3 \cdot \sigma_v(1)) \cdot C_3^{\,2}$

$$C_3 \cdot (\sigma_v(1) \cdot C_3^{\,2}) = \begin{bmatrix} 1 & 0 & 0 & 0 \\ 0 & 0 & 0 & 1 \\ 0 & 0 & 1 & 0 \\ 0 & 1 & 0 & 0 \end{bmatrix} \qquad (C_3 \cdot \sigma_v(1)) \cdot C_3^{\,2} = \begin{bmatrix} 1 & 0 & 0 & 0 \\ 0 & 0 & 0 & 1 \\ 0 & 0 & 1 & 0 \\ 0 & 1 & 0 & 0 \end{bmatrix}$$

因此，所有 NH_3 的對稱操作元素構成一個群。同理,可驗證所有 H_2O 包含的對稱操作元素構成一個群。

除了用矩陣的乘法表示對稱操作的結合外，也可以以圖形的操作方法表示對稱操作的結合。

[例題] 以圖形的操作方法顯示在 NH_3 中，$\hat{C}_3$ 與 $\hat{C}_3^{\,2}$ 操作的結合為恆等操作 $\hat{E}$。

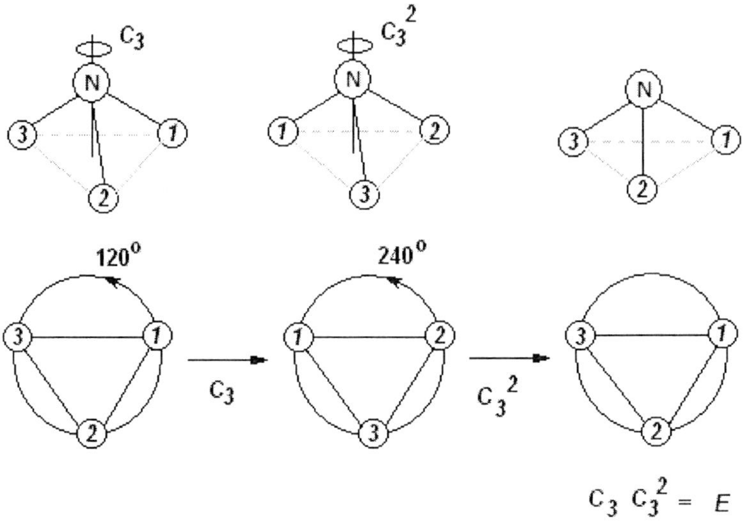

圖 3-2 NH_3 的 C_3 旋轉

因 $C_3C_3^2 = E$，故 $C_3^{-1} = C_3^2$。

3-3 決定分子的對稱群

不同對稱性的分子屬於不同的對稱群。分子中必存在一點，不會因對稱操作而改變其位置。因此分子所屬的群又稱為點群 (point group)，或對稱點群 (symmetric point group)。

[例題]　找出 NH_3, H_2O, CH_4 的不動點

NH_3 中的 N 原子的位置點，H_2O 中 O 的位置點，CH_4 中 C 的位置點等。不論對稱操作 為何，這一點的幾何位置均不改變

研究分子的對稱性必需先判斷分子所屬的對稱點群，可以依照下表所列的流程圖的順序判定。

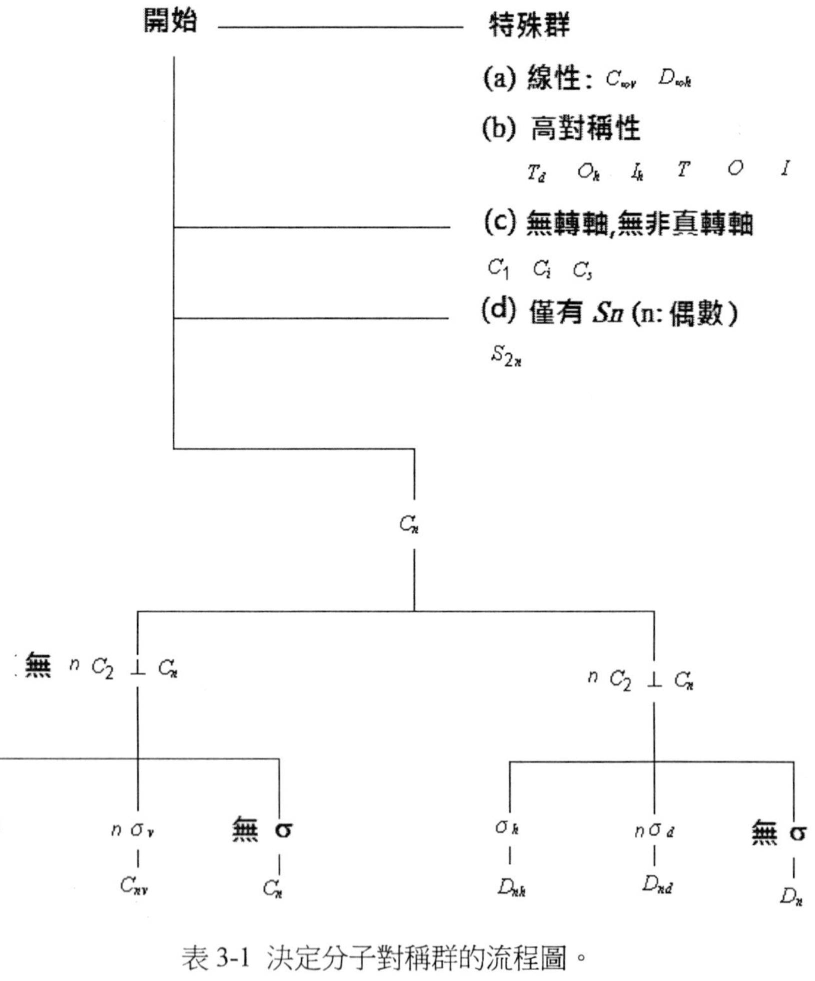

表 3-1 決定分子對稱群的流程圖。

特殊的分子對稱群:

線型分子的原子連線即為其對稱軸，不論繞此軸旋轉動多少角度，分子的構形皆不變。主軸為 C_∞，$\lim_{n\to\infty}\theta=\frac{2\pi}{n}$。有無限多個包含主軸的 σ_v 平面.

對稱的線型分子： OCO, H_2, HCCH，具有 σ_h，對稱群為 $D_{\infty h}$，

非對稱的線型分子： HCN, OCS, HD，無 σ_h，對稱群為 $C_{\infty v}$

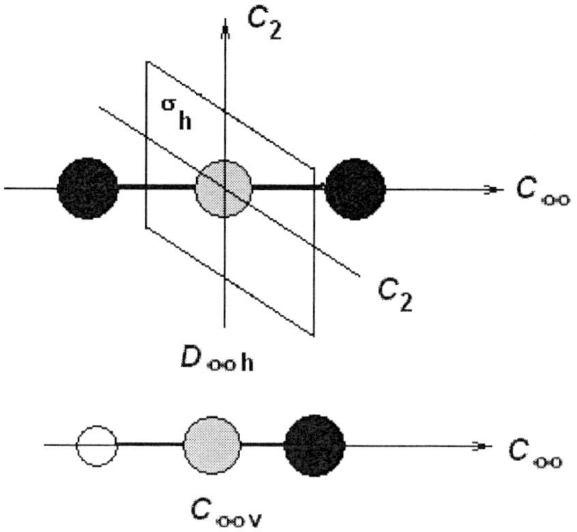

圖 3-3 線型分子

高對稱分子:

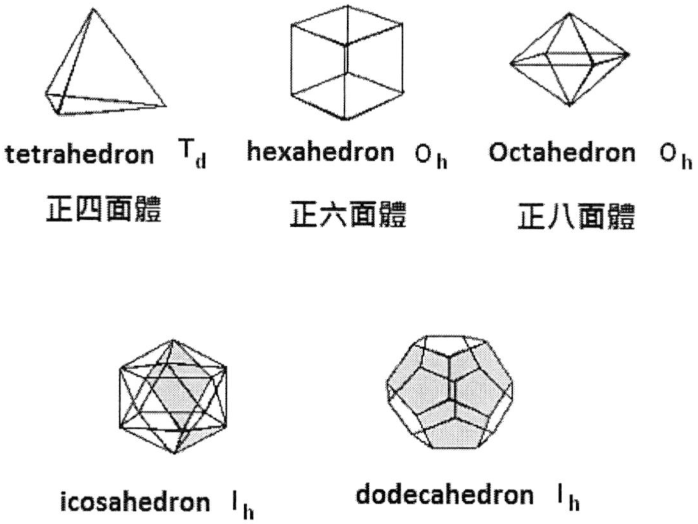

圖 3-4 正多面體

富勒烯 (Fullerene, C_{60}) 的對稱群為 I_h，

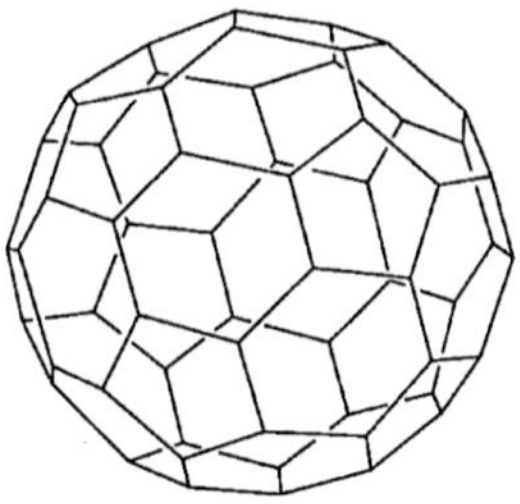

圖 3-5　富勒烯 fullerene C_{60} 的結構

[例題]　試訂出下列化合物的對稱群:

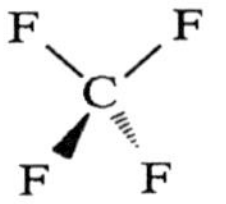

T_d

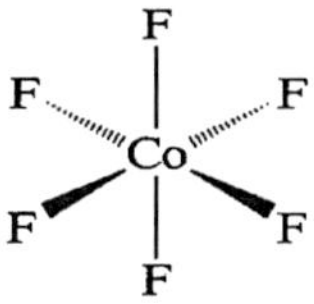

O_h

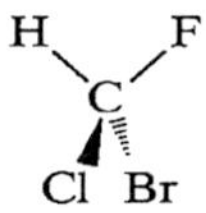

C_1

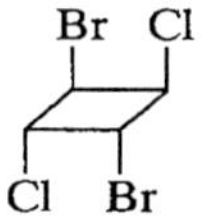

C_i

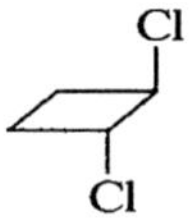

C_2

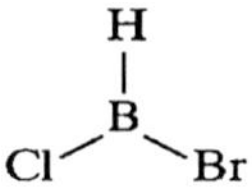

C_s

C_{3v}

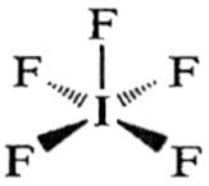

C_{4v}

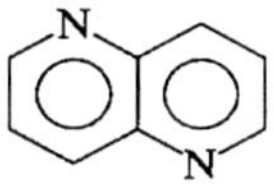

C_{2h}

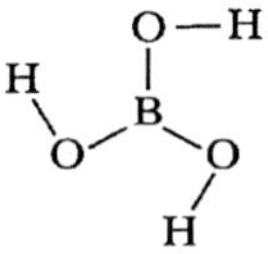

C_{3h}

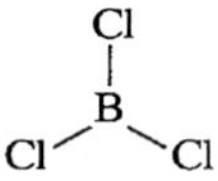

D_{3h}

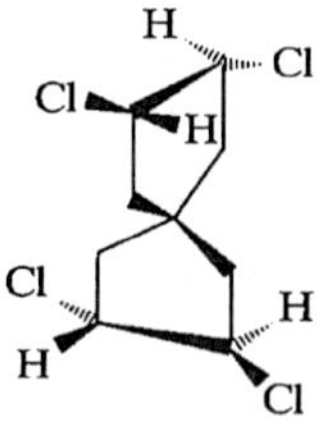

S_4

D_3

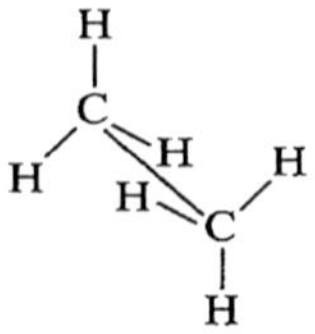

D_{3d}

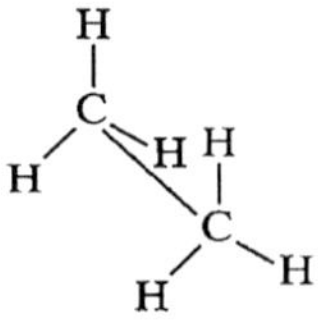

D_{3h}

[例題]　試定出化合物丙二烯 Allene（$H_2C=C=CH_2$）的對稱群:

分子軸（C=C=C）為 S_4 軸, 也是 C_2 軸。另兩根 $C_2' \perp C_2$; 有兩個 σ_d 平面. 分子的對稱群為 D_{2d}。

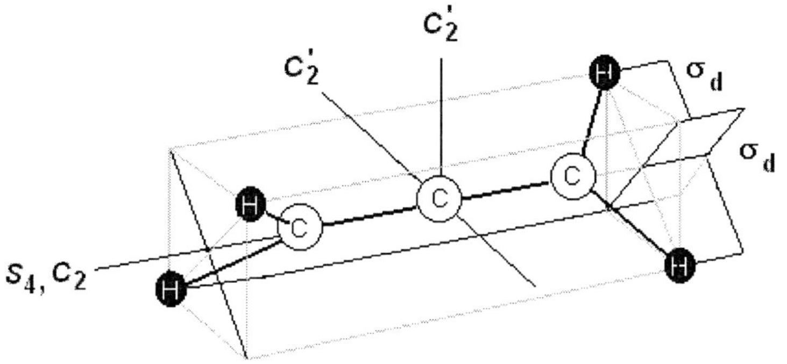

圖 3-6　丙二烯 Allene 分子。

[例題]　試定出化合物二茂鐵 Ferrocene $(C_5H_5\text{-}F_e\text{-}C_5H_5)^{2+}$ 的對稱群:

二茂鐵有兩種不同的構形, 分別為交叉型 (staggered form)與遮蔽型 (eclipsed form)。

交叉型的分子如圖 3-7 所示, 含有一根 S_{10} 對稱軸, 此軸亦為 C_5 軸。除此軸外, 尚有 5 根垂直的 C_2 軸, 並且每兩根 C_2 軸間含有一的直立的對稱平面。故依流程圖知其對稱群為 D_{5d}。

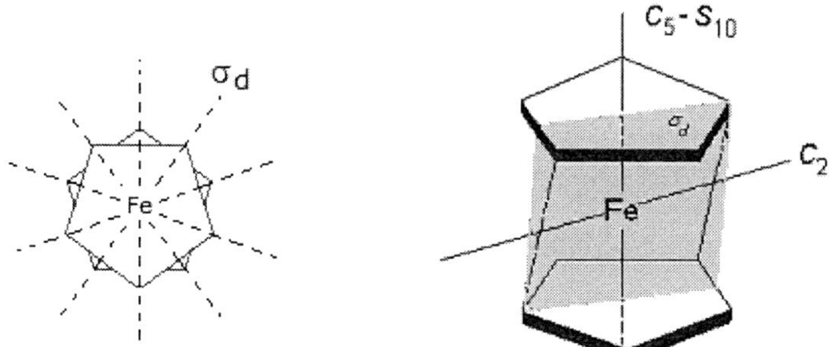

圖 3-7 交叉型的二茂鐵分子

遮蔽型的分子如圖 3-8, 此分子的結構含有一根 C_5 軸, 5 根與其垂直的 C_2 軸。除對稱軸外, 尚含有與 C_5 軸垂直的 σ 平面, 故依流程圖判定為 D_{5h} 對稱群。

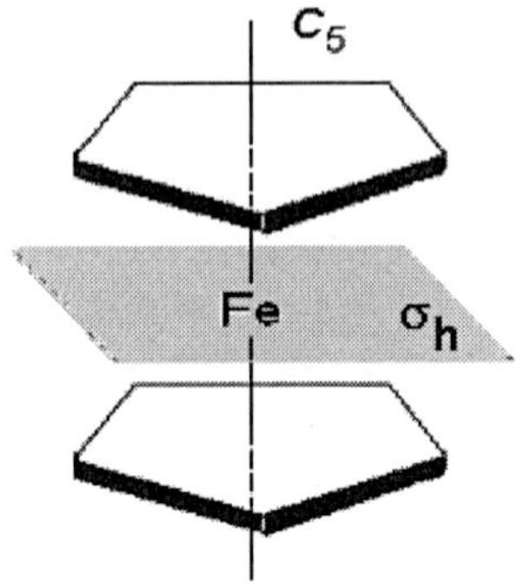

圖 3-8 遮蔽型的二茂鐵分子

3-4 群的相乘表與分類

群中所有元素的個數稱為群的階數 (order of group)。設一個群共含有 h 個元素，即一個 h 階群，則將其元素兩兩組合，可得 h^2 個組合的結果。將此組合與結果以表列方式表出，稱為群的相乘表 (multiplication table)。

h 個元素建成的相乘表共有 h 行及 h 列。因為群中元素的結合具封閉性，故相乘表中每一行每一列，均為群中的一個元素。由於群中元素的結合並不一定合於交換律，即 $AB \neq BA$，故表中所代表的結合結果必須有一定的順序與規則。

此處採取的結合順序為將表中左邊 "行" 中的元素 A 結合右邊 "列" 中的元素 B，表示 AB 的結合結果。

NH_3 分子屬於 C_{3v} 群，對應於原子排列的對稱操作矩陣為：

E	C_3	C_3^2	$\sigma_v(1)$	$\sigma_v(2)$	$\sigma_v(3)$	原子
$\begin{bmatrix}1&0&0&0\\0&1&0&0\\0&0&1&0\\0&0&0&1\end{bmatrix}$	$\begin{bmatrix}1&0&0&0\\0&0&0&1\\0&1&0&0\\0&0&1&0\end{bmatrix}$	$\begin{bmatrix}1&0&0&0\\0&0&1&0\\0&0&0&1\\0&1&0&0\end{bmatrix}$	$\begin{bmatrix}1&0&0&0\\0&1&0&0\\0&0&0&1\\0&0&1&0\end{bmatrix}$	$\begin{bmatrix}1&0&0&0\\0&0&0&1\\0&0&1&0\\0&1&0&0\end{bmatrix}$	$\begin{bmatrix}1&0&0&0\\0&0&1&0\\0&1&0&0\\0&0&0&1\end{bmatrix}$	$\begin{bmatrix}N\\H_1\\H_2\\H_3\end{bmatrix}$
$\chi(E) = 4$	$\chi(C_3) = 1$	$\chi(C_3^2) = 1$	$\chi(\sigma_v(1)) = 2$	$\chi(\sigma_v(2)) = 2$	$\chi(\sigma_v(3)) = 2$	

利用對稱操作的矩陣所建立分子對稱群 C_{3v} 的相乘表為:

表 3-2 C_{3v}的相乘表

C_{3v}	E	C_3	C_3^2	$\sigma_v(1)$	$\sigma_v(2)$	$\sigma_v(3)$
E	E	C_3	C_3^2	$\sigma_v(1)$	$\sigma_v(2)$	$\sigma_v(3)$
C_3	C_3	C_3^2	E	$\sigma_v(3)$	$\sigma_v(1)$	$\sigma_v(2)$
C_3^2	C_3^2	E	C_3	$\sigma_v(2)$	$\sigma_v(3)$	$\sigma_v(1)$
$\sigma_v(1)$	$\sigma_v(1)$	$\sigma_v(2)$	$\sigma_v(3)$	E	C_3	C_3^2
$\sigma_v(2)$	$\sigma_v(2)$	$\sigma_v(3)$	$\sigma_v(1)$	C_3^2	E	C_3
$\sigma_v(3)$	$\sigma_v(3)$	$\sigma_v(1)$	$\sigma_v(2)$	C_3	C_3^2	E

在表中，群的每一個元素在每一行或每一列中至少且僅出現一次。此稱為排列定理 (rearrangement theorem),

若 A, B, X 皆為群中的對稱元素, X^{-1} 為 X 的反元素，且

$$B = X^{-1}AX$$

則稱 A 與 B 互相共軛

凡互相共軛的元素屬於同一類 (class)

[例題] 試定出 C_{3v} 群的分類

依 C_{3v} 的相乘表，元素 $E, C_3, C_3^2, \sigma_v(1), \sigma_v(2), \sigma_v(3)$ 的共軛關係為：

E 只與自身共軛，故元素 E 自成一類。

C_3,與 C_3^2 共軛，故 C_3,與 C_3^2 為一類,

$\{\sigma_v(1), \sigma_v(2), \sigma_v(3)\}$成一類。

故 C_{3v} 共分成 3 類: $\{E\}$, $\{C_3, C_3^2\}$, $\{\sigma_v(1), \sigma_v(2), \sigma_v(3)\}$

每類中的元素彼此共軛，即滿足 $A = X^{-1}BX$ 相似轉換的關係。而由矩陣的性質知經相似轉換後，矩陣的特徵值相同，即 $\chi_A = \chi_B$。

凡是同一類的對稱操作矩陣的特徵值皆相同

如以 NH_3 原子排列的對稱操作 的矩陣為例。檢視對稱操作矩陣的特徵值，C_3 與 C_3^2 矩陣的特徵值相同，$\chi = 1$；$\sigma_v(1), \sigma_v(2), \sigma_v(3)$ 矩陣的特徵值相同，$\chi = 2$。可知凡是同一類的對稱操作矩陣的特徵值皆相同。

[例題] 試將 CH_2Cl_2 的對稱元素分類

CH_2Cl_2 分子所屬的對稱群為 C_{2v}，對稱元素為: $E, C_2, \sigma_v(xz), \sigma_v(yz)$。以原子排列為基底，各對稱操作對應的矩陣為:

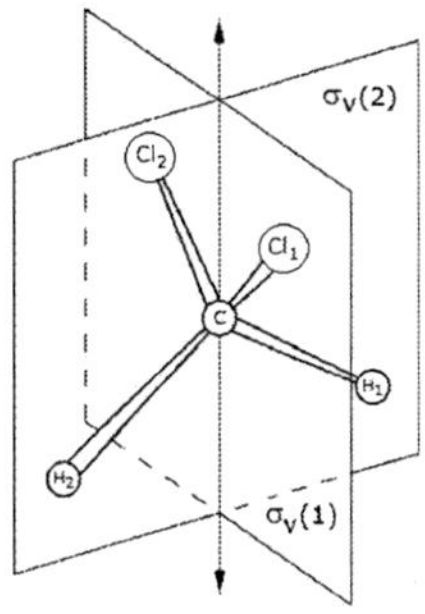

圖 3-9 CH_2Cl_2 分子

E	C_2	$\sigma_v(1)$	$\sigma_v(2)$	原子
$\begin{bmatrix}1&0&0&0&0\\0&1&0&0&0\\0&0&1&0&0\\0&0&0&1&0\\0&0&0&0&1\end{bmatrix}$	$\begin{bmatrix}1&0&0&0&0\\0&0&1&0&0\\0&1&0&0&0\\0&0&0&0&1\\0&0&0&1&0\end{bmatrix}$	$\begin{bmatrix}1&0&0&0&0\\0&0&1&0&0\\0&1&0&0&0\\0&0&0&1&0\\0&0&0&0&1\end{bmatrix}$	$\begin{bmatrix}1&0&0&0&0\\0&1&0&0&0\\0&0&1&0&0\\0&0&0&0&1\\0&0&0&1&0\end{bmatrix}$	$\begin{bmatrix}C\\H_1\\H_2\\Cl_1\\Cl_2\end{bmatrix}$

矩陣相乘表為:

C_{2v}	E	C_2	$\sigma_v(xz)$	$\sigma_v(yz)$
E	E	C_2	$\sigma_v(xz)$	$\sigma_v(yz)$
C_2	C_2	E	$\sigma_v(yz)$	$\sigma_v(xz)$
$\sigma_v(xz)$	$\sigma_v(xz)$	$\sigma_v(yz)$	E	C_2
$\sigma_v(yz)$	$\sigma_v(yz)$	$\sigma_v(xz)$	C_2	E

E 的共軛關係為:

E 只與自身共軛, 故元素 E 自成一類。
C_2 只與自身共軛, 故元素 C_2 自成一類。

同理可得 $\sigma_v(xz)$ 與 $\sigma_v(yz)$ 皆自成一類。
故 C_{2v} 中每一元素皆自成一類, 共有 4 類。

群中所有元素的個數 (h) 稱為群的階數 (order of group), 將一個群所分成各類, 每類所含元素的數目 (k) 稱為類的階數 (order of class)。數學上可証明, 各類的階數必為群的階數的約數。即以群的階數除以各類的階數 h/k , 結果必為整數。

[例題] 試証在 C_{3v} 群中, h/k 為整數

C_{3v} 的階數 $h=6$. 對稱元素分成 3 類: $\{E\}$, $\{C_3, C_3^2\}$, $\{\sigma_v(1), \sigma_v(2), \sigma_v(3)\}$, 各類的階數為 $k=1, 2, 3$. 故 h/k = 整數。

4-1 對稱操作矩陣與基底向量

表示對稱操作的矩陣, 矩陣的形式與階數隨其作用的基底向量的不同而異。以 NH_3 與 $BrCH_3$ 為例, 這兩個分子的對稱群均為 C_{3v} 群, 其中的 C_3 運算, 若以分子中原子的排列為基底向量, 則其矩陣表示法分別為:

$$\hat{C}_3 \quad \begin{bmatrix} 1 & 0 & 0 & 0 \\ 0 & 0 & 0 & 1 \\ 0 & 1 & 0 & 0 \\ 0 & 0 & 1 & 0 \end{bmatrix} \begin{bmatrix} N \\ H_1 \\ H_2 \\ H_3 \end{bmatrix} \qquad \hat{C}_3 \quad \begin{bmatrix} 1 & 0 & 0 & 0 & 0 \\ 0 & 1 & 0 & 0 & 0 \\ 0 & 0 & 0 & 0 & 1 \\ 0 & 0 & 1 & 0 & 0 \\ 0 & 0 & 0 & 1 & 0 \end{bmatrix} \begin{bmatrix} Br \\ C \\ H_1 \\ H_2 \\ H_3 \end{bmatrix}$$

這兩個矩陣的階數分別為 4 階與 5 階, 矩陣的元素不相同, 特徵值分別為 1 及 2, 也不相同。

NH_3 分子中, 以分子中原子的排列為基底向量的矩陣, 階數為 4。 或以 NH_3 分子中每個原子的三個坐標方向的移動向量 (x_i, y_i, z_i) 為基底向量, 如圖 4-1 所示:

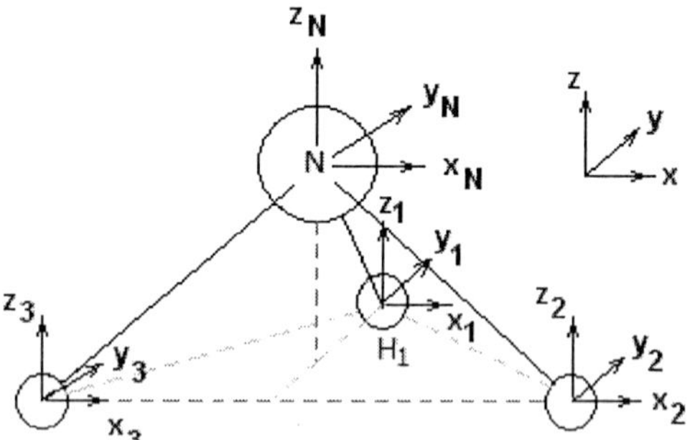

圖 4-1 NH_3 原子的三個坐標方向的移動向量

此基底向量共含有 12 個位移分量, 與其對應的對稱操作矩陣的階數也是 12。如 C_3 操作矩陣為:

$$
C_3 \quad \left[\begin{array}{ccc|ccc|ccc|ccc}
-1/2 & -\sqrt{3}/2 & 0 & 0 & 0 & 0 & 0 & 0 & 0 & 0 & 0 & 0 \\
\sqrt{3}/2 & -1/2 & 0 & 0 & 0 & 0 & 0 & 0 & 0 & 0 & 0 & 0 \\
0 & 0 & 1 & 0 & 0 & 0 & 0 & 0 & 0 & 0 & 0 & 0 \\
\hline
0 & 0 & 0 & 0 & 0 & 0 & 0 & 0 & 0 & -1/2 & -\sqrt{3}/2 & 0 \\
0 & 0 & 0 & 0 & 0 & 0 & 0 & 0 & 0 & \sqrt{3}/2 & -1/2 & 0 \\
0 & 0 & 0 & 0 & 0 & 0 & 0 & 0 & 0 & 0 & 0 & 1 \\
\hline
0 & 0 & 0 & -1/2 & -\sqrt{3}/2 & 0 & 0 & 0 & 0 & 0 & 0 & 0 \\
0 & 0 & 0 & \sqrt{3}/2 & -1/2 & 0 & 0 & 0 & 0 & 0 & 0 & 0 \\
0 & 0 & 0 & 0 & 0 & 1 & 0 & 0 & 0 & 0 & 0 & 0 \\
\hline
0 & 0 & 0 & 0 & 0 & 0 & -1/2 & -\sqrt{3}/2 & 0 & 0 & 0 & 0 \\
0 & 0 & 0 & 0 & 0 & 0 & \sqrt{3}/2 & -1/2 & 0 & 0 & 0 & 0 \\
0 & 0 & 0 & 0 & 0 & 0 & 0 & 0 & 1 & 0 & 0 & 0
\end{array}\right]
\left[\begin{array}{c}
x_N \\ y_N \\ z_N \\ \hline x_{H_1} \\ y_{H_1} \\ z_{H_1} \\ \hline x_{H_2} \\ y_{H_2} \\ z_{H_2} \\ \hline x_{H_3} \\ y_{H_3} \\ z_{H_3}
\end{array}\right]
$$

此矩陣特徵值為 0。但 NH_3 分子以原子 排列為基底的矩陣的特徵值為 1, 與此特徵值不同。所以, 對應於不同基底向量的矩陣的階數與特徵值皆不相同。

雖然對稱操作矩陣的階數與特徵值隨其基底向量的不同而異, 但其中有一定的規律。 群的**特徵表** (character table)即為有系統的歸納這些重要的基本性質的最簡資料表。

4-2 特徵表

對稱群中的一組對稱操作矩陣稱為群的一個表象 (representation)。設一個含有對稱操作為 $\{A, B, C, D\}$ 的群, 找出一個對應的矩陣 X, 將各元素經過相似轉換後形的一組同型式的方塊對角矩陣

$$A' = X^{-1}AX, \qquad B' = X^{-1}BX, \qquad C' = X^{-1}CX, \qquad D' = X^{-1}DX$$

因相似轉換前後矩陣的特徵值不變, A' 與 A 特徵值相同; B' 與 B, 特徵值相同; C' and C, 特徵值相同; D' and D 特徵值相同;。

若群中所有的對稱操作矩陣經過相似轉 換後形的一組同型式的方塊對角矩陣 A', B', C', D' 如下圖所示 (圖中空白區域的元素為 0) :

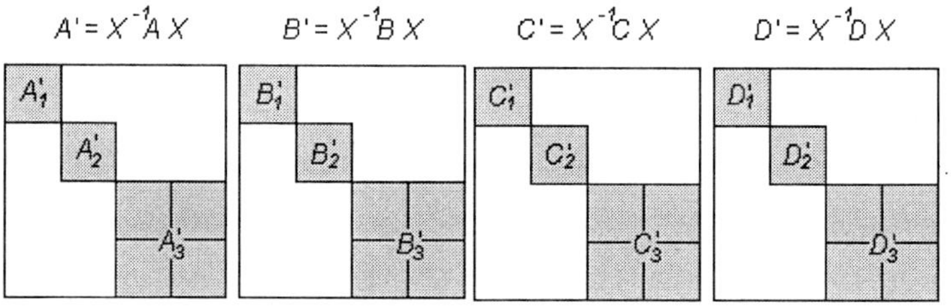

圖 4-2 經過相似轉換後的一組矩陣

此組新的矩陣有相同的塊狀形式。這組新的矩陣中每個矩陣皆可分割成維度較小的數個成份方塊矩陣: $\{A_1', B_1', C_1', D_1'\}$, $\{A_2', B_2', C_2', D_2'\}$, $\{A_3', B_3', C_3', D_3'\}$。,每一組維度較低的方塊矩陣, 稱為一組最簡表象(irreducible representation). 下表列出最簡表像的特徵值:

G	A	B	C	D
	$\chi(A_1')$	$\chi(B_1')$	$\chi(C_1')$	$\chi(D_1')$
	$\chi(A_2')$	$\chi(B_2')$	$\chi(C_2')$	$\chi(D_2')$
	$\chi(A_3')$	$\chi(B_3')$	$\chi(C_3')$	$\chi(D_3')$

再將表中重覆的表象刪去, 得到的表稱為特徵表 (character table)。

[例題] 試建立對應 H_2O 的特徵表

H_2O 分子屬 C_{2v} 群, C_{2v} 群的各對稱元素為: E, C_2, $\sigma_v(xz)$, $\sigma_v(yz)$。

以各原子的 (x, y, z) 分量為基底, 則所有對稱操作的結果如下圖所示:

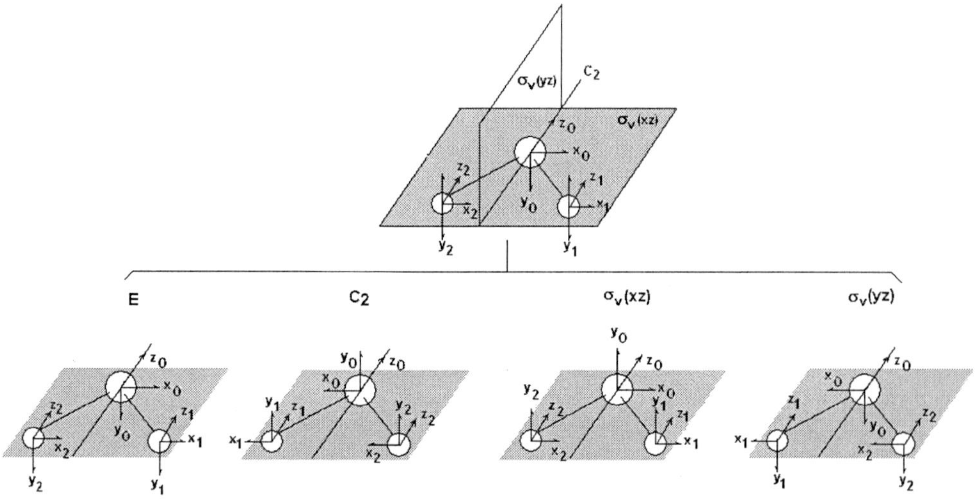

圖 4-3 H_2O 分子對應於位移向量的對稱操作

將對稱操作以矩陣的型式表示如下:

E:

$$\begin{bmatrix}1&0&0&0&0&0&0&0&0\\0&1&0&0&0&0&0&0&0\\0&0&1&0&0&0&0&0&0\\0&0&0&1&0&0&0&0&0\\0&0&0&0&1&0&0&0&0\\0&0&0&0&0&1&0&0&0\\0&0&0&0&0&0&1&0&0\\0&0&0&0&0&0&0&1&0\\0&0&0&0&0&0&0&0&1\end{bmatrix}\begin{bmatrix}x_o\\y_o\\z_o\\x_1\\y_1\\z_1\\x_2\\y_2\\z_2\end{bmatrix}=\begin{bmatrix}x_o\\y_o\\z_o\\x_1\\y_1\\z_1\\x_2\\y_2\\z_2\end{bmatrix}$$

C_2:

$$\begin{bmatrix}-1&0&0&0&0&0&0&0&0\\0&-1&0&0&0&0&0&0&0\\0&0&1&0&0&0&0&0&0\\0&0&0&0&0&0&-1&0&0\\0&0&0&0&0&0&0&-1&0\\0&0&0&0&0&0&0&0&1\\0&0&0&-1&0&0&0&0&0\\0&0&0&0&-1&0&0&0&0\\0&0&0&0&0&1&0&0&0\end{bmatrix}\begin{bmatrix}x_o\\y_o\\z_o\\x_1\\y_1\\z_1\\x_2\\y_2\\z_2\end{bmatrix}=\begin{bmatrix}-x_o\\-y_o\\z_o\\-x_2\\-y_2\\z_2\\-x_1\\-y_1\\z_1\end{bmatrix}$$

σ_v(xz):

$$\begin{bmatrix}1&0&0&0&0&0&0&0&0\\0&-1&0&0&0&0&0&0&0\\0&0&1&0&0&0&0&0&0\\0&0&0&1&0&0&0&0&0\\0&0&0&0&-1&0&0&0&0\\0&0&0&0&0&1&0&0&0\\0&0&0&0&0&0&1&0&0\\0&0&0&0&0&0&0&-1&0\\0&0&0&0&0&0&0&0&1\end{bmatrix}\begin{bmatrix}x_o\\y_o\\z_o\\x_1\\y_1\\z_1\\x_2\\y_2\\z_2\end{bmatrix}=\begin{bmatrix}x_o\\-y_o\\z_o\\x_1\\-y_1\\z_1\\x_2\\-y_2\\z_2\end{bmatrix}$$

σ_v(yz):

$$\begin{bmatrix}-1&0&0&0&0&0&0&0&0\\0&1&0&0&0&0&0&0&0\\0&0&1&0&0&0&0&0&0\\0&0&0&0&0&0&-1&0&0\\0&0&0&0&0&0&0&1&0\\0&0&0&0&0&0&0&0&1\\0&0&0&-1&0&0&0&0&0\\0&0&0&0&1&0&0&0&0\\0&0&0&0&0&1&0&0&0\end{bmatrix}\begin{bmatrix}x_o\\y_o\\z_o\\x_1\\y_1\\z_1\\x_2\\y_2\\z_2\end{bmatrix}=\begin{bmatrix}-x_o\\y_o\\z_o\\-x_2\\y_2\\z_2\\-x_1\\y_1\\z_1\end{bmatrix}$$

可找出這一組對稱操作矩陣的相似變換矩陣 X

將上列的一組 4 個矩陣經相似變換轉換為同型式的對角線塊狀矩陣後，結果如下:

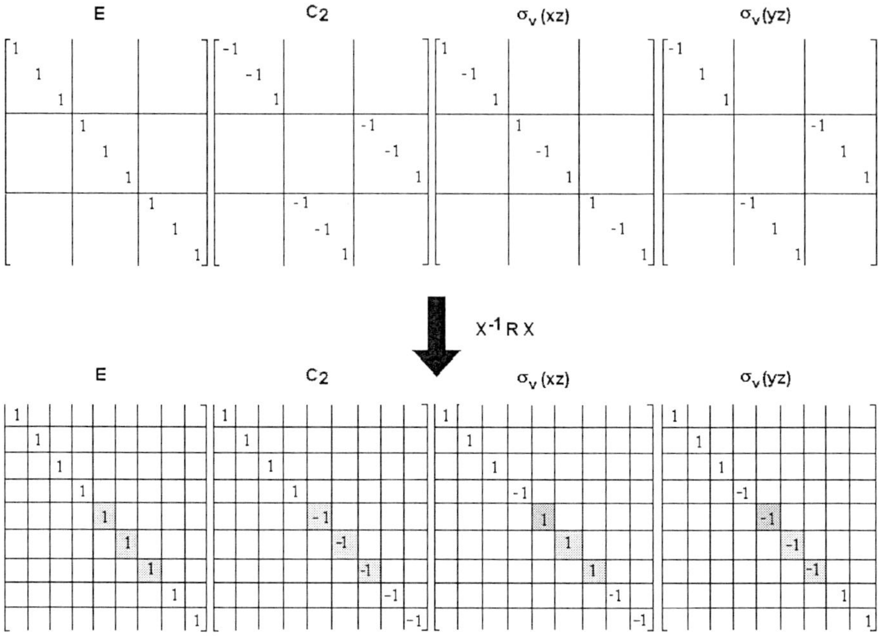

圖. 4-4　經相似轉換形成同型式的對角線塊狀矩陣

變換後的塊狀矩陣型式相同，均為只有對角線有元素的 矩陣。每一組塊狀矩陣的階數均為 1 。將變換後矩陣各塊的特徵值列出，得下表所列的 9 組最簡表象:

E	C_2	$\sigma_v(xz)$	$\sigma_v(yz)$
1	1	1	1
1	1	1	1
1	1	1	1
1	1	-1	-1
1	-1	1	-1
1	-1	1	-1
1	-1	1	-1
1	-1	-1	1
1	-1	-1	1

表中這 9 組最簡表象有些是相同重覆的。將所有不重覆的最簡表象列出，得 C_{2v} 群的特徵表:

C_{2v}	E	C_2	$\sigma_v(xz)$	$\sigma_v(yz)$
	1	1	1	1
	1	1	-1	-1
	1	-1	1	-1
	1	-1	-1	1

[例題] 以 NH_3 為例，試建立 C_{3v} 特徵表

C_{3v} 的對稱操作為: $E, C_3, C_3^2, \sigma_v(1), \sigma_v(2), \sigma_v(3)$。 如圖，以 NH_3 分子中三個 H 原子的 (u,v) 分量為基底向量，經對稱操作的結果如下:

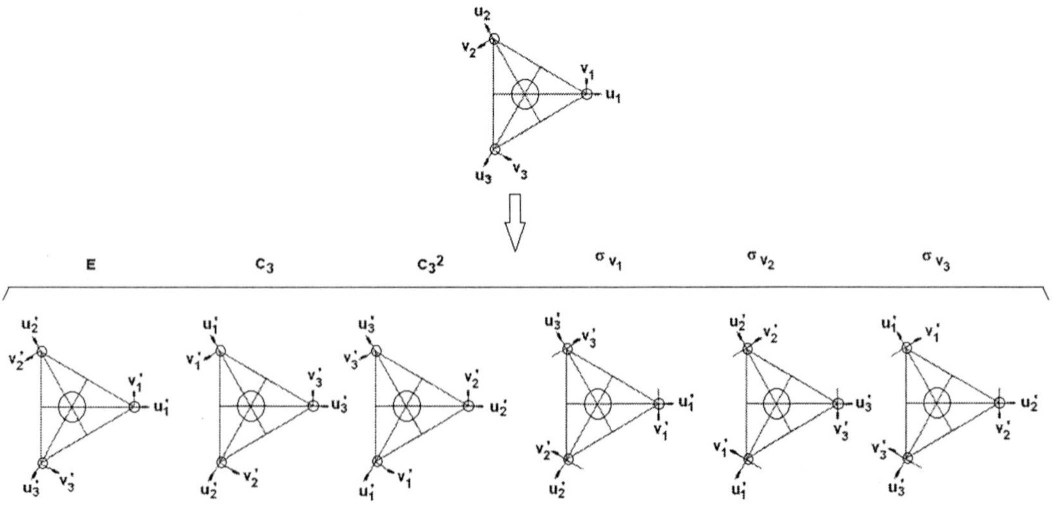

圖 4-5 NH_3 的對稱操作

對應於基底向量 $(u_1,v_1,u_2,v_2,u_3,v_3)$ 的對稱操作矩陣為:

$$\underset{E}{\begin{bmatrix}1&&&&&\\&1&&&&\\&&1&&&\\&&&1&&\\&&&&1&\\&&&&&1\end{bmatrix}}\underset{C_3}{\begin{bmatrix}&&1&&&\\&&&1&&\\&&&&1&\\&&&&&1\\1&&&&&\\&1&&&&\end{bmatrix}}\underset{C_3^{\ 2}}{\begin{bmatrix}&&&&1&\\&&&&&1\\1&&&&&\\&1&&&&\\&&1&&&\\&&&1&&\end{bmatrix}}\underset{\sigma_{v1}}{\begin{bmatrix}1&&&&&\\&-1&&&&\\&&&&1&\\&&&&&-1\\&&1&&&\\&&&-1&&\end{bmatrix}}\underset{\sigma_{v2}}{\begin{bmatrix}&&&&1&\\&&&&&-1\\&&1&&&\\&&&-1&&\\1&&&&&\\&-1&&&&\end{bmatrix}}\underset{\sigma_{v3}}{\begin{bmatrix}&&1&&&\\&&&-1&&\\1&&&&&\\&-1&&&&\\&&&&1&\\&&&&&-1\end{bmatrix}}\begin{bmatrix}u_1\\v_1\\u_2\\v_2\\u_3\\v_3\end{bmatrix}$$

上列矩陣的空白白處的元素均為零。

針對這組對稱操作矩陣 $\{\hat{R}\}$, 可找出一個矩陣 X, 將此列表象以相似變換 $R' = X^{-1}RX$ 化為同形式的最簡對角線塊狀矩陣,

$$\underset{E}{\begin{bmatrix}1&&&&&\\&1&&&&\\&&1&&&\\&&&1&&\\&&&&1&\\&&&&&1\end{bmatrix}}\underset{C_3}{\begin{bmatrix}1&&&&&\\&1&&&&\\&&\frac{-1}{2}&\frac{\sqrt{3}}{2}&&\\&&\frac{-\sqrt{3}}{2}&\frac{-1}{2}&&\\&&&&\frac{-1}{2}&\frac{\sqrt{3}}{2}\\&&&&\frac{-\sqrt{3}}{2}&\frac{-1}{2}\end{bmatrix}}\underset{C_3^{\ 2}}{\begin{bmatrix}1&&&&&\\&1&&&&\\&&\frac{-1}{2}&\frac{-\sqrt{3}}{2}&&\\&&\frac{\sqrt{3}}{2}&\frac{-1}{2}&&\\&&&&\frac{-1}{2}&\frac{-\sqrt{3}}{2}\\&&&&\frac{\sqrt{3}}{2}&\frac{-1}{2}\end{bmatrix}}\underset{\sigma_{v1}}{\begin{bmatrix}1&&&&&\\&-1&&&&\\&&1&&&\\&&&-1&&\\&&&&-1&\\&&&&&1\end{bmatrix}}\underset{\sigma_{v2}}{\begin{bmatrix}1&&&&&\\&-1&&&&\\&&\frac{1}{2}&\frac{-\sqrt{3}}{2}&&\\&&\frac{\sqrt{3}}{2}&\frac{-1}{2}&&\\&&&&\frac{1}{2}&\frac{\sqrt{3}}{2}\\&&&&\frac{\sqrt{3}}{2}&\frac{-1}{2}\end{bmatrix}}\underset{\sigma_{v3}}{\begin{bmatrix}1&&&&&\\&-1&&&&\\&&\frac{1}{2}&\frac{\sqrt{3}}{2}&&\\&&\frac{\sqrt{3}}{2}&\frac{-1}{2}&&\\&&&&\frac{1}{2}&\frac{-\sqrt{3}}{2}\\&&&&\frac{-\sqrt{3}}{2}&\frac{-1}{2}\end{bmatrix}}$$

圖 4-6　NH_3 三個 H 原子的 (u,v) 分量矩陣相似轉換的結果

將各組相對應的方塊的特徵值表列出, 得 C_{3v} 的特徵表。

C_{3v}	E	C_3	C_3^2	σ_{v1}	σ_{v2}	σ_{v3}
	1	1	1	1	1	1
	1	1	1	-1	-1	-1
	2	-1	-1	0	0	0
	2	-1	-1	0	0	0

檢視各對稱操作矩陣的特徵值可發現群中同類的對稱操作其矩陣的特徵值相同。C_3 與 C_3^2 特徵值相同, $\sigma_v(1), \sigma_v(2)$ 與 $\sigma_v(3)$ 特徵值相同。將特徵表中同類的特徵合併, 記為 $(2C_3,\ 3\sigma_v)$。 將重覆的表象刪去, 得 C_{3v} 群的最簡特徵表, 或稱特徵表。

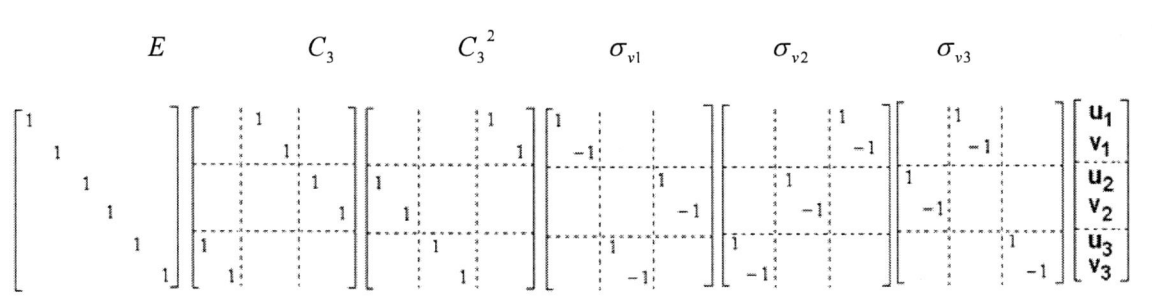

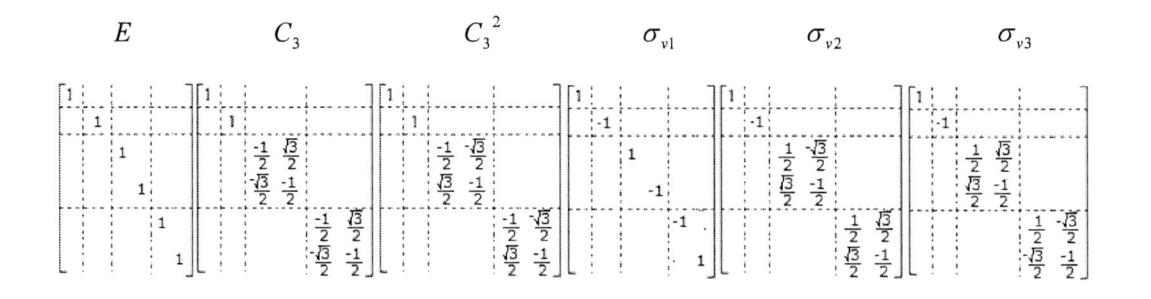

C_{3v} 特徵表

C_{3v}	E	$2C_3$	$3\sigma_v$
	1	1	1
	1	1	-1
	2	-1	0

特徵表中每一列特徵稱為一組最簡表象 (irreducible representation), 這些特徵來自最簡化的對角塊狀矩陣。任何由其它方式得到的一組特徵值稱為可約表象 (reducible representation)。可約 表象均可化為最簡表象的組合。

如此 C_{3v} 例中, 相似轉換前的矩陣, 其特徵值依 $E, C_3,\ \sigma_v$ 分類分別為 6, 0, 0, 即為一可約表象。

此可約表象為一組 1, 1, 1 兩組 2, -1, 0 及 一組 1, 1, -1 的組合。

4-3 特徵表的正交定理

特徵表的規則, 涵蓋於正交定理 (orthogonal theorem) 中。

正交定理的數學式為:

$$\sum_R \Gamma_i(R)_{mn} \cdot \Gamma_j(R)_{m'n'}{}^* = \frac{h}{\sqrt{\ell_i \ell_j}} \delta_{ij}\delta_{mm'}\delta_{nn'}$$

群的階數為 h, 構成第 i 組最簡表象的成份方塊矩陣的階數為 ℓ_i , 群的對稱操作以符號 R 表示; 第 i 組最簡表象中, 對應於操作 R 的方塊矩陣的第 m 列、第 n 行的元素為 $\Gamma_i(R)_{mn}$; 上標 “ * ” 表示共軛複數。

“ δ_{ij} “ 的意義為: $\delta_{ij} = \begin{cases} 1 & i = j \\ 0 & i \neq j \end{cases}$

根據正交定理, 可得到六項關於特徵表的性質重要的推論。

以 C_{3v} 特徵表為例, 逐項討論這些推論:

C_{3v}	E	$2C_3$	$3\sigma_v$
Γ_1	1	1	1
Γ_2	1	1	-1
Γ_3	2	-1	0

C_{3v} 特徵表, $\Gamma_1, \Gamma_2, \Gamma_3$ 為最簡表象的標記

1. 任一表象中, 同類操作的矩陣表象的特徵值均相同。
   此規則適用於可約表象或最簡表象, 可由前例驗證。

2. 群中, 各組最簡表象維度 (矩陣的階數) 的平方和等於群的階數,

$$\sum_i \ell_i^{\,2} = \ell_1^{\,2} + \ell_2^{\,2} + \cdots = h$$

C_{3v} 群共有三組最簡表象, 其維度分別為 1, 1 與 2; 群的階數為 6, 檢驗得:

$$\ell_1^{\,2} + \ell_2^{\,2} + \ell_3^{\,2} = 6$$

此外, 因對應於 E 恆等操作的方塊矩陣的特徵值即等於此組最簡表象的維度, 此規則可寫為

$$\sum_i (\chi_i(E))^2 = h$$

3. 每一組最簡表象其特徵值的平方和均等於群的階數 h

$$\sum_R (\chi_i(R))^2 = h$$

如 C_{3v} 特徵表的第 1 組最簡表象 Γ_1: 1, 1, 1;

$$\sum_R (\chi_1(R))^2 = \chi_1(E)^2 + 2\cdot\chi_1(C_3)^2 + 3\cdot\chi_1(\sigma_v)^2 = 6$$

第 3 組最簡表象 Γ_3: 2, -1, 0;

$$\sum_R (\chi_3(R))^2 = \chi_3(E)^2 + 2\cdot\chi_3(C_3)^2 + 3\cdot\chi_3(\sigma_v)^2 = 6$$

4. 由不同表象構成的向量, 彼此正交

$$\sum_R \chi_i(R)\cdot\chi_j(R)=0,\qquad i\neq j$$

以 C_{3v} 的特徵表的第一組表象與第三組表象驗證，得

$$\chi_1(E)\cdot\chi_3(E)+2\cdot\chi_1(C_3)\cdot\chi_3(C_3)+3\cdot\chi_1(\sigma_v)\cdot\chi_3(\sigma_v)=0$$

5. 對稱群所具有的最簡表象數目等於該群類的數目。
如 C_{3v} 群最簡表象共有三組，其對稱操作共分成 E, C_3, σ_v 三類。

6. 特徵表中必有一組最簡表象其特徵值均為 1，這組最簡表象稱為"全對稱表象" (totally symmetric representation)。如 C_{3v} 群中的第一組最簡表象。

4-4 利用正交定理推求特徵表

利用正交定　理的六項規則可推知特徵表的特徵值。

[例題]　試推求 C_{2v} 群的特徵表

C_{2v} 群含有四個對稱操作元素：E, C_2, σ_{v1} 及 σ_{v2}，群的階數為 $h = 4$。由對稱元素的相乘表可知各元素自成一類，依規則 5，此點群應有 4 組最簡表象。依規則 2，各組最簡表象維度的平方和等於群的階數，

$$\ell_1^2+\ell_2^2+\ell_3^2+\ell_4^2=4$$

因維度 ℓ_i 必為大於零的正整數，故滿足上式唯一的解為

$$\ell_1=\ell_2=\ell_3=\ell_4=1$$

由規則 6，得全對稱表象:

C_{2v}	E	C_2	σ_{v1}	σ_{v2}
Γ_1	1	1	1	1

由規則 3，任一組最簡表象的特徵值必需滿足

$$\chi(E)^2+\chi(C_2)^2+\chi(\sigma_v(1))^2+\chi(\sigma_v(2))^2=4$$

且 $\chi(E)=1, (\ell_i=1)$, 故 $\chi(C_2), \chi(\sigma_v(1))$ 與 $\chi(\sigma_v(2))$ 的絕對值必為 1。

依規則 4, 其餘的三組表象必與 Γ_1 正交, 由此可推出 C_{2v} 的特徵表為

C_{2v}	E	C_2	σ_{v1}	σ_{v2}
Γ_1	1	1	1	1
Γ_2	1	1	-1	-1
Γ_3	1	-1	1	-1
Γ_4	1	-1	-1	1

[例題]　試推求 T_d 群的特徵表

T_d 群的對稱操作元素:為 : $E, 8C_3, 3C_2, 6S_4, 6\sigma_d$

群的階數為 $h=24$, 共有 5 類, 此點群應有 5 組最簡 表象。

Γ_1 為全對稱表象,

T_d	E	$8C_3$	$3C_2$	$6S_4$	$6\sigma_d$
Γ_1	1	1	1	1	1
Γ_2					
Γ_3					
Γ_4					
Γ_5					

由規則 2:

$1^2+\ell_2^{\,2}+\ell_3^{\,2}+\ell_4^{\,2}+\ell_5^{\,2}=24$

$\ell_2=1$, $\ell_3=2$, $\ell_4=3$, $\ell_5=3$ 。

T_d	E	$8C_3$	$3C_2$	$6S_4$	$6\sigma_d$
Γ_1	1	1	1	1	1
Γ_2	1	a	b	c	d
Γ_3	2				
Γ_4	3				
Γ_5	3				

由規則 3, 以 Γ_2 為例

$$1^2 + 8a^2 + 3b^2 + 6c^2 + 6d^2 = 24$$

可得 a, b, c, d 的絕對值均為 1。

由規則 4, Γ_1 與 Γ_2 正交,

$$1 \times 1 + 8(1 \times a) + 3(1 \times b) + 6(1 \times c) + 6(1 \times d) = 0$$

可得　$a = 1$, $b = 1$, $c = -1$, $d = -1$。

T_d	E	$8C_3$	$3C_2$	$6S_4$	$6\sigma_d$
Γ_1	1	1	1	1	1
Γ_2	1	1	1	-1	-1
Γ_3	2				
Γ_4	3				
Γ_5	3				

仿此, 可推得其餘的特徵值, 得 T_d 的特徵表為:

T_d	E	$8C_3$	$3C_2$	$6S_4$	$6\sigma_d$
Γ_1	1	1	1	1	1
Γ_2	1	1	1	-1	-1
Γ_3	2	-1	2	0	0
Γ_4	3	0	-1	-1	1
Γ_5	3	0	-1	1	-1

4-5 化簡可約表象

任何一組可約表象均可經由相似轉換為一組方塊對角矩陣, 其中每一組方塊均構成群的最簡表象。相似轉換並不影響矩陣的特徵值, 因此可約表象必為最簡表象的組合:

$$\chi(R) = \sum_j a_j \chi_j(R)$$

$\chi(R)$ 為可約表象中, 對應於對稱操作 R 的矩陣的特徵值, $\chi_j(R)$ 表示第 j 組最簡表象中對應於 R 的特徵值, a_j 為對應於第 j 組最簡表象的組合係數。

將式的左右兩邊同乘以 $\chi_i(R)$，並將相關的各操作相加得

$$\sum_R \chi(R)\cdot\chi_i(R)=\sum_R(\sum_j a_j\chi_j(R))\cdot\chi_i(R)=\sum_j a_j(\sum_R\chi_j(R)\cdot\chi_i(R))$$

$$=\sum_j a_j(h\delta_{ij})=a_i h$$

上式右邊僅存一項, 根據正交定理, 所有 $i\neq j$ 之項均為零。

故得第 i 組最簡表象的組合係數為:

$$a_i=\frac{1}{h}\sum_R\chi(R)\cdot\chi_i(R)$$

[例題] Γ_1, Γ_2, Γ_3 為 C_{3v} 的最簡表象, 化簡可約表象 Γ_4, Γ_5, Γ_6。

C_{3v}	E	$2C_3$	$3\sigma_v$
Γ_1	1	1	1
Γ_2	1	1	-1
Γ_3	2	-1	0
Γ_4	6	0	0
Γ_5	7	1	3
Γ_6	7	1	-1

化簡 Γ_4, 得 $\Gamma_4 = 1\cdot\Gamma_1+1\cdot\Gamma_2+2\cdot\Gamma_3$

化簡 Γ_5, 得 $\Gamma_5=3\Gamma_1+2\Gamma_3$,

化簡 Γ_6, 得 $\Gamma_6=\Gamma_1+2\Gamma_2+2\Gamma_3$,

[例題] 化簡可約表象 Γ

D_{3h}	E	$2C_3$	$3C_2$	σ_h	$2S_3$	$3\sigma_v$
Γ	12	0	-2	4	-2	2

$\Gamma = A_1'+A_2'+3E'+2A_2''+E''$

[例題] 化簡可約表象 Γ

T_d	E	$8C_3$	$3C_2$	$6S_4$	$6\sigma_d$
Γ	15	0	-1	-1	3

$\Gamma = A_1 + E + T_1 + 3T_2$

[例題]　化簡可約表象 Γ

C_{2v}	E	C_2	$\sigma_v(xz)$	$\sigma_v(yz)$
Γ	9	-1	3	1

$\Gamma = 3A_1 + A_2 + 3B_1 + 2B_2$

4-6 特徵表各項的意義

分子所屬對稱群的特徵表均列於 【附錄】。以 C_{3v} 群為例, 實際的特徵表如下所示:

C_{3v}	E	$2C_3$	$3\sigma_v$		
A_1	1	1	1	z	x^2+y^2, z^2
A_2	1	1	-1	R_z	
E	2	-1	0	(x,y); (R_x,R_y)	(x^2-y^2,xy); (xz,yz)
II		I		III	IV

特徵表共分四區, 以羅馬數字標明。。在區域 II 中這些代號的規則如下:

區域 II 的第一格為對稱點群的符號 (C_{3v}).

區域 I 的第一格為各類的名稱與數目: E, $2C_3$, $3\sigma_v$;區域 I 的其它格為特徵值 (χ).

除了群的符號外, 區域 II 的其它格為各組最簡表象的代號:

1. 一維表象以符號 A 或 B 表示, 二維表象以符號 E 表示, 三維表象以符號 T 表示。因表象的維度與對稱元素 E 所對應的特徵值相同, 故 C_{3v} 群有兩組一維的最簡表象與一組二維的最簡表象。

2. 一維表象中, 若對應於旋轉主軸 C_n 的特徵值為 1, $\chi(C_n)=1$ (對稱), 則標為 A, 若特徵值為 −1, $\chi(C_n)=-1$ (反對稱), 則標為 B。C_{3v} 例中, 主軸為 C_3, 表中一維表象對應於 C_3 的特徵值均為 1, 故均標為 A。

3. 若群中含有 n 根垂直主軸的 C_2 軸, $nC_2 \perp C_n$, 則一維表象中此對稱元素所對應的特徵值為 1 者, $\chi(C_2)=1$, 標為 A_1 或 B_1, 特徵值為 −1 者, $\chi(C_2)=-1$, 標為 A_2 或 B_2。若群中不含垂直主軸的 C_2 軸, 則以 σ_v 平面判定。 如此 C_{3v} 例中, 對應於 σ_v 的一維表象, 其特徵值分別為 1 及 −1, 故標為 A_1 及 A_2。

4. 若需要時, 在符號的右上角 標以單撇或雙撇以表明對應於 σ_h 的對稱與反對稱 (特徵值為正值或負值)。如 【附錄 】中 D_{3h} 群的特徵表中 $\chi(\sigma_h)$ 為正值的最簡表象為 A_1', A_2' 與 E', $\chi(\sigma_h)$ 為負值的最簡表象為 A_1'', A_2'' 與 E'' 。

5. 具有對稱中心的群 (如 D_{2h}), 若對應於對稱中心的特徵值為正值 (對稱) 則於符號加上下標 "g", 若特徵為負值 (反對稱), 則於符號加上下標 "u"。下標 g 與 u 由德文 gerade 與 ungerade 而來, 其意分別為偶與奇。如【附錄】中, D_{2h} 群的特徵表的 A_g $\chi(i)=1$, 而 A_u $\chi(i)=-1$ 。

6. 二維表象符號 E 與三維表象符號 T 亦有時需要加下標, 其依據為嚴謹的數學規則, 此處不多說明, 謹予接受即可。

區域 III 含有兩種符號; x, y, z 及 R_x, R_y, R_z。前者代表坐標 x, y, z 的對稱性, 後者表示繞著坐標軸 x, y, z 旋轉的對稱性。

坐標 (x, y, z)

在 C_{3v} 群中, 以中心點為坐標軸之原點, z 軸沿著主軸 C_3, 並以 xz 平面為一對稱面; 則對應於坐標向量 (x, y, z) 的對稱操作矩陣為:

$$\underset{E}{\begin{bmatrix} 1 & 0 & 0 \\ 0 & 1 & 0 \\ 0 & 0 & 1 \end{bmatrix}} \quad \underset{C_3}{\begin{bmatrix} \cos 2\pi/3 & -\sin 2\pi/3 & 0 \\ \sin 2\pi/3 & \cos 2\pi/3 & 0 \\ 0 & 0 & 1 \end{bmatrix}} \underset{\sigma_v}{\begin{bmatrix} 1 & 0 & 0 \\ 0 & -1 & 0 \\ 0 & 0 & 1 \end{bmatrix}} \begin{bmatrix} x \\ y \\ z \end{bmatrix}$$

(x, y, z) 經過對稱操作後:

$$\begin{array}{cccc} & E & C_3 & \sigma_v \\ \begin{bmatrix} x' \\ y' \\ z' \end{bmatrix} = & \begin{bmatrix} x \\ y \\ z \end{bmatrix} & \begin{bmatrix} -\frac{1}{2}x-\frac{\sqrt{3}}{2}y \\ \frac{\sqrt{3}}{2}x-\frac{1}{2}y \\ z \end{bmatrix} & \begin{bmatrix} x \\ -y \\ z \end{bmatrix} \end{array}$$

此組矩陣之特徵為 3, 0, 1; 依前述的方法, 可知其為 A_1 及 E 之組合。

檢視此組矩陣中 知其可分為方塊對角形式; 為對應於 z 者, 為一維的方塊矩陣, 其特徵值均為 1, 與特徵表中 A_1 的特徵相同, 故 z 之對稱性為 A_1。

對應於 (x, y) 者為二維之方塊矩陣, 其特徵值為 2 , –1, 0; 與特徵表中 E 之特徵相同, 故 x 與 y 之對稱性彼此相混而不可分, 其對稱性為 E。

區域 III 中, R_x, R_y 與 R_z 為繞著 x, y, z 軸旋轉的向量。

R_x, R_y, R_z 旋轉向量

旋轉向量有時可以簡單的圖形方式顯示。一般將其表示為繞著軸的旋轉箭頭, 如圖 4-7 所示。

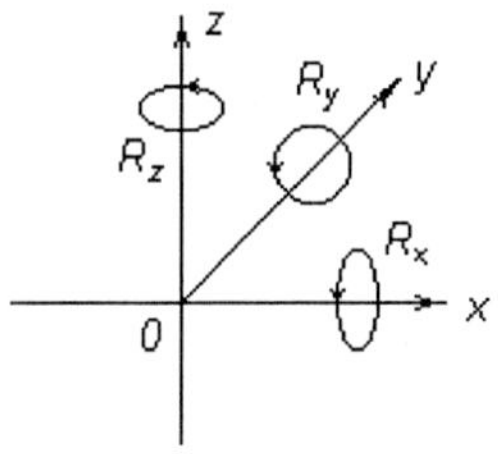

圖 4-7 旋轉向量 R_x, R_y, R_z 的示意圖

有時可利用原子的移動向量表示分子的轉動。

[例題] 利用原子的移動向量表示平面 AB_4 分子的 R_z 向量。

平面的 AB_4 分子，屬於 D_{4h} 群， 其繞著 z 軸的轉動向量 R_z 可以 xy 平面上原子的移動向量表示為:

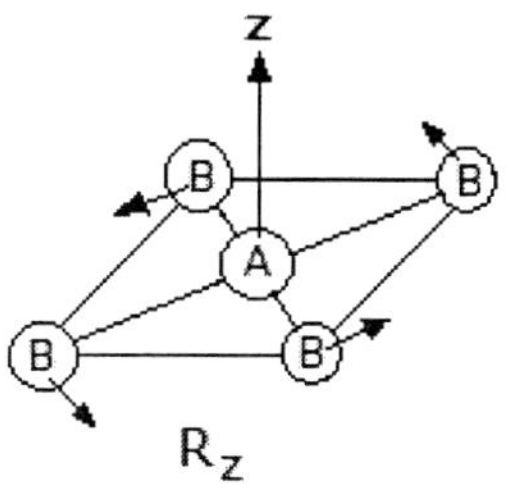

圖 4-8 平面的 AB_4 分子的 R_z 向量

以此轉動向量為基底，經 D_{4h} 的對稱元素操作後，得

D_{4h}	E	$2C_4$	C_2	$2C_2'$	$2C_2''$	i	$2S_4$	σ_h	$2\sigma_v$	$2\sigma_d$
Γ	1	1	1	-1	-1	1	1	1	-1	-1

比對 D_{4h} 特徵表, 得 R_z 的對稱性為 A_{2g}。

[例題] 利用原子的移動向量表示 H_2O (C_{2v}) 分子的 R_x, R_y, R_z 轉動向量。

以 H_2O 為例, R_x, R_y, R_z 轉動向量如圖:

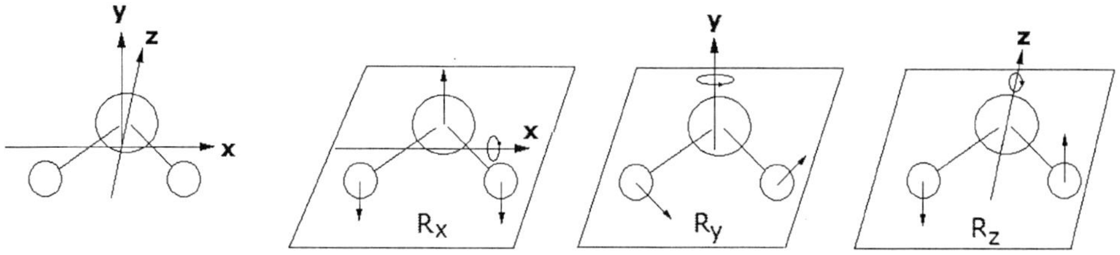

圖 4-9　H_2O 的轉動向量

R_x 中，O 與兩個 H 沿著與分子平面垂直方向反向移動。
R_y 中，兩個 H 在分子平面上互相垂直方向運動。.
R_z 中，兩個 H 沿著與分子平面垂直方向反向移動。

C_{2v} 中 R_x, R_y, R_z 對應的特徵值為:

C_{2v}	E	C_2	$\sigma_v(xz)$	$\sigma_v(yz)$	
Γ_x	1	-1	-1	1	R_x
Γ_y	1	-1	1	-1	R_y
Γ_z	1	1	-1	-1	R_z

比對 C_{2v} 特徵表， R_x, R_y, R_z 的對稱性為 B_2, B_1 與 A_2。

4-7 分子的轉動座標

分子的轉動座標為:

$$R_x = \sum_\alpha \left(\frac{m_\alpha}{I_x^{1/2}}\right)(y_\alpha \Delta z_\alpha - z_\alpha \Delta y_\alpha)$$

$$R_y = \sum_\alpha \left(\frac{m_\alpha}{I_y^{1/2}}\right)(z_\alpha \Delta x_\alpha - x_\alpha \Delta z_\alpha)$$

$$R_z = \sum_\alpha \left(\frac{m_\alpha}{I_z^{1/2}}\right)(x_\alpha \Delta y_\alpha - y_\alpha \Delta x_\alpha)$$

式中， I_x, I_y, I_z 為分子的轉動慣量 (moment of inertia);

$$I_x = \sum_\alpha m_\alpha (y_\alpha^2 + z_\alpha^2), \quad I_y = \sum_\alpha m_\alpha (x_\alpha^2 + z_\alpha^2) \quad I_z = \sum_\alpha m_\alpha (x_\alpha^2 + y_\alpha^2)$$

[例題] 試找出 NH_3 的轉動慣量

NH_3 的對稱裙為 C_{3v}

定分子的質量中心(center of mass)為坐標的原點, z 軸為主軸。

NH 鍵長為 1.0368 Å, HNH 鍵角為 106.67°。

分子中各原子的坐標為:

N: (0.0, 0.0, 0.39)

H_1: (0.960, 0.0, 0.0)

H_2: (-0.480, 0.83159, 0.0)

H_3: (-0.480, -0.83159, 0.0)

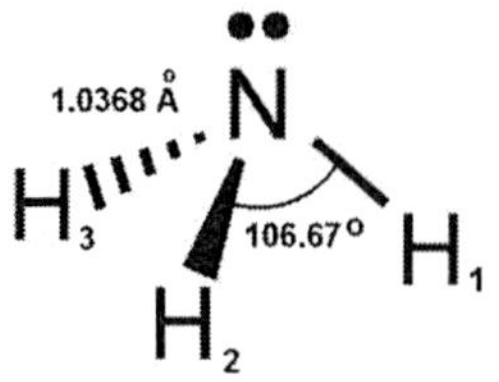

可計算出轉動慣量為:

$I_x = I_y \neq I_z$。 所有的 C_{3v} 對稱性分子皆然。

在 NH_3 分子中, 原子的位移向量的性質:

$$\Delta \bar{r}_i' \Leftarrow \hat{E}\Delta \bar{r}_i \qquad \hat{C}_3 \Delta \bar{r}_i \qquad \hat{\sigma}_v \Delta \bar{r}_i$$

$$\begin{bmatrix}\Delta x_i'\\ \Delta y_i'\\ \Delta z_i'\end{bmatrix} \Leftarrow \begin{bmatrix}\Delta x_i\\ \Delta y_i\\ \Delta z_i\end{bmatrix} \qquad \begin{bmatrix}-\frac{1}{2}\Delta x_i - \frac{\sqrt{3}}{2}\Delta y_i\\ \frac{\sqrt{3}}{2}\Delta x_i - \frac{1}{2}\Delta y_i\\ \Delta z_i\end{bmatrix} \qquad \begin{bmatrix}\Delta x_i\\ -\Delta y_i\\ \Delta z_i\end{bmatrix}$$

將此代入轉動坐標 R_x, R_y, R_z, 則經過對稱運作後的坐標為:

1. 恆等操作 $\hat{E}$:

$$\vec{R}' = \hat{E}\vec{R}$$

$$\begin{bmatrix}R_x'\\ R_y'\\ R_z'\end{bmatrix} = \begin{bmatrix}1 & 0 & 0\\ 0 & 1 & 0\\ 0 & 0 & 1\end{bmatrix}\begin{bmatrix}R_x\\ R_y\\ R_z\end{bmatrix}$$

2. 轉動操作 $\hat{C}_3$:

$$\vec{R}' = \hat{C}_3\vec{R}$$

$$\begin{bmatrix}R_x'\\ R_y'\\ R_z'\end{bmatrix} = \begin{bmatrix}-\frac{1}{2} & -\frac{\sqrt{3}}{2} & 0\\ \frac{\sqrt{3}}{2} & -\frac{1}{2} & 0\\ 0 & 0 & 1\end{bmatrix}\begin{bmatrix}R_x\\ R_y\\ R_z\end{bmatrix} \qquad \text{(注意: } I_x = I_y\text{)}$$

3. 平面反射操作 $\hat{\sigma}_v$

$$\vec{R}' = \hat{\sigma}_v\vec{R}$$

$$\begin{bmatrix}R_x'\\ R_y'\\ R_z'\end{bmatrix} = \begin{bmatrix}-1 & 0 & 0\\ 0 & 1 & 0\\ 0 & 0 & -1\end{bmatrix}\begin{bmatrix}R_x\\ R_y\\ R_z\end{bmatrix}$$

故對應於基底 (R_x, R_y, R_z) 的對稱操作矩陣為:

$$\begin{matrix} & & E & C_3 & \sigma_v & \\ \begin{bmatrix}R_x'\\ R_y'\\ R_z'\end{bmatrix} & \Leftarrow & \begin{bmatrix}1 & 0 & 0\\ 0 & 1 & 0\\ 0 & 0 & 1\end{bmatrix} & \begin{bmatrix}-\frac{1}{2} & -\frac{\sqrt{3}}{2} & 0\\ \frac{\sqrt{3}}{2} & -\frac{1}{2} & 0\\ 0 & 0 & 1\end{bmatrix} & \begin{bmatrix}-1 & 0 & 0\\ 0 & 1 & 0\\ 0 & 0 & -1\end{bmatrix} & \begin{bmatrix}R_x\\ R_y\\ R_z\end{bmatrix}\end{matrix}$$

上列矩陣為對角線塊狀矩陣，其二階矩陣的特徵值為 2, -1, 0 與 C_{3v} 群的 E 表象相同，故 R_x, R_y 的對稱性為 E，在區域 III 中記為 (R_x, R_y)。同理，R_z 的特徵值為 1, 1, -1 與 A_2 相同，故 R_z 對稱性為 A_2，亦記於區域 III 中。

4-8 二次函數的對稱性

區域 IV 為 x, y, z 二次函數的對稱性，其對稱操作的結果跟據 x, y, z 的對稱性判定。

[例題]　試定出角錐型分子 AB_4 中二次函數的對稱性

角錐型分子 AB_4 的對稱群為 C_{4v}.

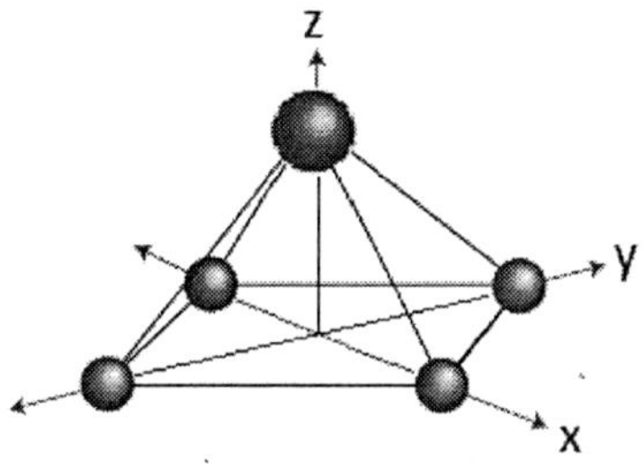

圖 4-10 角錐型分子 AB_4

C_{4v}	E	$2C_4$	C_2	$2\sigma_v$	$2\sigma_d$		
A_1	1	1	1	1	1	z	x^2+y^2, z^2
A_2	1	1	1	-1	-1	R_z	
B_1	1	-1	1	1	-1		x^2-y^2
B_2	1	-1	1	-1	1		xy
E	2	0	-2	0	0	$(x,y); (R_x,R_y)$	(xz,yz)

對應於基底向量 (x, y, z) 的對稱操作矩陣為:

$$\begin{array}{ccccc} E & 2C_4 & C_2 & 2\sigma_v & 2\sigma_d \end{array}$$

$$\begin{bmatrix} x' \\ y' \\ z' \end{bmatrix} = \begin{bmatrix} 1 & 0 & 0 \\ 0 & 1 & 0 \\ 0 & 0 & 1 \end{bmatrix} \begin{bmatrix} 0 & 1 & 0 \\ -1 & 0 & 0 \\ 0 & 0 & 1 \end{bmatrix} \begin{bmatrix} -1 & 0 & 0 \\ 0 & -1 & 0 \\ 0 & 0 & 1 \end{bmatrix} \begin{bmatrix} 1 & 0 & 0 \\ 0 & -1 & 0 \\ 0 & 0 & 1 \end{bmatrix} \begin{bmatrix} 0 & 1 & 0 \\ 1 & 0 & 0 \\ 0 & 0 & 1 \end{bmatrix} \begin{bmatrix} x \\ y \\ z \end{bmatrix}$$

故經對稱操作後:

$$\begin{array}{cccccc} & E & 2C_4 & C_2 & 2\sigma_v & 2\sigma_d \\ \begin{bmatrix} x' \\ y' \\ z' \end{bmatrix} = & \begin{bmatrix} x \\ y \\ z \end{bmatrix} & \begin{bmatrix} y \\ -x \\ z' \end{bmatrix} & \begin{bmatrix} -x \\ -y \\ z \end{bmatrix} & \begin{bmatrix} x \\ -y \\ z \end{bmatrix} & \begin{bmatrix} y \\ x \\ z \end{bmatrix} \end{array}$$

將此結果代入二次函數 x^2+y^2 ，得對應的特徵值為 1, 1, 1, 1, 1, 故函數 x^2+y^2 在 C_{4v} 群中的對稱性為 A_1 。

同理可推出二次函數在 C_{4v} 群中的對稱性:

E	$2C_4$	C_2	$2\sigma_v$	$2\sigma_d$		
x^2+y^2	x^2+y^2	x^2+y^2	x^2+y^2	x^2+y^2	(x^2+y^2)	A_1
z^2	z^2	z^2	z^2	z^2	(z^2)	A_1
x^2-y^2	y^2-x^2	x^2-y^2	x^2-y^2	y^2-x^2	(x^2-y^2)	B_1
xy	$-yx$	xy	$-xy$	yx	(xy)	B_2
xz	yz	$-xz$	xz	yz	$\begin{pmatrix} xz \\ yz \end{pmatrix}$	E
yz	$-xz$	$-yz$	$-yz$	xz		

實際上, 二次函數的對稱性與中心原子 (A) 的 d 軌域對稱性相同。

4-9 循環群與含複數的特徵表

有些特徵表中含有複數的特徵元素, 如(C_3, C_4, C_{3h}) 等群中都有複數:

$\varepsilon = \exp(i2\pi/n)$, n 是為主軸的次數。

在 C_3 群中 :

$$\varepsilon = \exp(i2\pi/3) = \cos(2\pi/3) + i\sin(2\pi/3)$$

複數 ε 的共軛複數為: $\varepsilon^* = \exp(-i2\pi/n)$

依據迪美彿定律 (Demove's rule), 複數滿足下列關係:

$$\varepsilon^n = 1$$
$$\varepsilon\varepsilon^* = \varepsilon^*\varepsilon = 1$$
$$(\varepsilon^m)^* = \varepsilon^{n-m} \qquad m \le n$$

$$\varepsilon + \varepsilon^2 + \cdots + \varepsilon^n = 0$$

循環群 (如 C_3, C_4,...) 僅含有旋轉的對稱元素。
如 C_3 群中的特徵值為:

C_3	C_3	C_3^2	$C_3^3 = E$
Γ_2	ε	ε^2	$\varepsilon^3=1$
Γ_3	ε^2	ε^4	$\varepsilon^6=1$
Γ_1	$\varepsilon^3=1$	$\varepsilon^6=1$	$\varepsilon^9=1$

此特徵表的表象滿足正交定理, 如:

$$\sum_{m=1}^{3}\Gamma_2(C_3^{\ m})\cdot\Gamma_2(C_3^{\ m})^* = \varepsilon\cdot(\varepsilon)^* + \varepsilon^2\cdot(\varepsilon^2)^* + 1\cdot 1 = 1+1+1 = 3$$

$$\sum_{m=1}^{3}\Gamma_2(C_3^{\ m})\cdot\Gamma_3(C_3^{\ m})^* = \varepsilon\cdot(\varepsilon^2)^* + \varepsilon^2\cdot(\varepsilon^4)^* + 1\cdot 1 = 0$$

因 $\varepsilon^2 = \varepsilon^*$, C_3 特徵表可寫成:

C_3	E	C_3	C_3^2	原 C_3 表
A	1	1	1	Γ_1
E	1	ε	ε^*	Γ_2
	1	ε^*	ε	Γ_3

$\varepsilon = \exp(2\pi i/3)$

4-10　群與子群的關聯性

群的對稱性降低(descending of the symmctry) 形成其子群。

以正八面體分子 MA_6 為例。若分子中的 A 原子被 B, C 原子取代, 對稱性降低, 形成不同的子群。

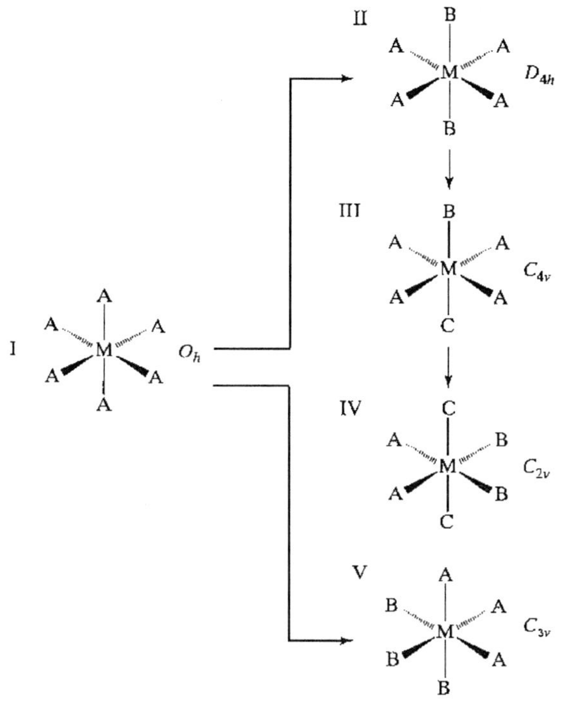

圖 4-11　正八面體 MA_6 分子被取代後對稱性降低形成的子群

I → II　減少了 C_3 軸, II → III 減少了對稱中心 i , III → IV 減少了 C_4 軸。I → V 減少了對稱中心 i 及對稱平面 σ_h 表 4-1 列出正八面體分子 O_h 對稱性遞減所形成的對稱群與對稱操作元素

表 4-1 正八面體分子 O_h 對稱性遞減所形成的對稱群與對稱操作元素

化合物	對稱群	對稱操作元素	級數 h
I	O_h	$E, 8C_3, 6C_2, 6C_4, 3C_2(=C_4^2), i, 6S_4, 8S_6, 3\sigma_h, 6\sigma_d$	48
II	D_{4h}	$E, 2C_4, C_2, 2C_2', 2C_2'', i, 2S_4, \sigma_h, 2\sigma_v, 2\sigma_d$	16
III	C_{4v}	$E, 2C_4, C_2, 2\sigma_v, 2\sigma_d$	8
IV	C_{2v}	$E, C_2, \sigma_v(xz), \sigma_v(yz)$	4
V	C_{3v}	$E, 2C_3, 3\sigma_v$	6

群的級數必為其子群的整數倍。例如, O_h 的級數為 48, 其子群 D_{4h}, 的級數為 16, 48/16 = 3。再如 C_{4v} 的級數為 8 , C_{3v} 的級數為 6, 故 C_{3v} 不是 C_{4v}

的子群。

群與其子群的最簡表象間具有一定關聯性。例如, C_{3v} 為 D_{3h}, 的子群, 表 4-2 為 D_{3h} 特徵表中, 與 C_{3v} 相對應的對稱操作的特徵值。

表 4-2　D_{3h}與 C_{3v} 相對應的對稱操作的特徵值

D_{3h}	E	$2C_3$	$3C_2$	σ_h	$2S_3$	$3\sigma_v$	C_{3v}
A_1'	1	1				1	A_1
A_2'	1	1				-1	A_2
E'	2	-1				0	E
A_1"	1	1				-1	A_2
A_2"	1	1				1	A_1
E"	2	-1				0	E

上表顯示, D_{3h} 與 C_{3v} 群中各最簡表象間的關聯性。群中屬於各最簡表象的各種性質與數學函數也會依此關聯關係轉換:

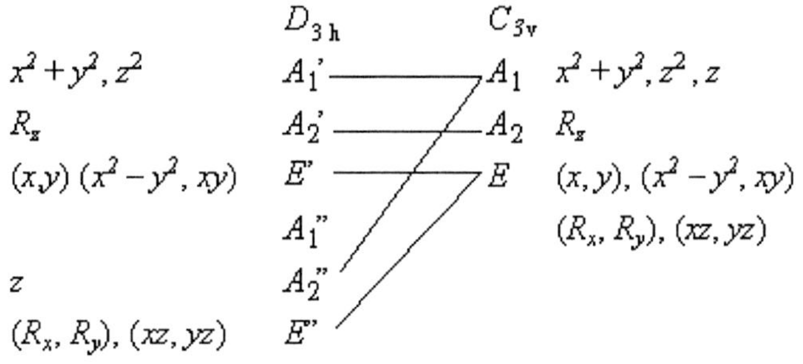

圖 4-12 D_{3h}與 C_{3v} 的關聯性

[例題]　試找出 D_{2h} 與 D_2 的關聯性

D_{2h} 與 D_2 相對應的對稱操作的特徵值

D_{2h}	E	$C_2(z)$	$C_2(y)$	$C_2(x)$	i	$\sigma(xy)$	$\sigma(xz)$	$\sigma(yz)$	D_2
A_g	1	1	1	1					A
B_{1g}	1	1	-1	-1					B_1
B_{2g}	1	-1	1	-1					B_2
B_{3g}	1	-1	-1	1					B_3
A_u	1	1	1	1					A
B_{1u}	1	1	-1	-1					B_1
B_{2u}	1	-1	1	-1					B_2
B_{3u}	1	-1	-1	1					B_3

D_{2h} 與 D_2 的關聯性為:

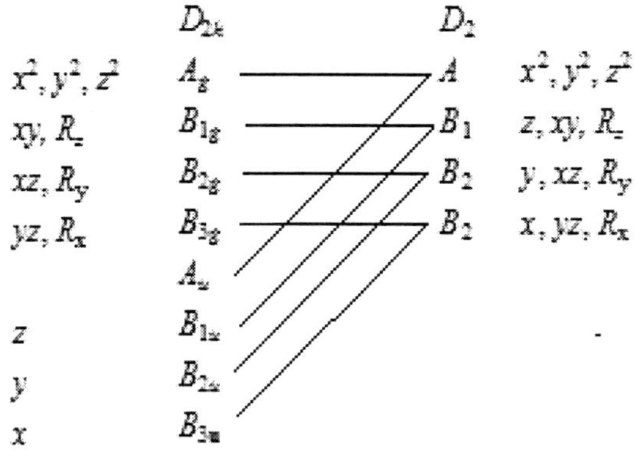

圖 4-13 D_{2h} 與 D_2 的關聯性

[例題]　試找出 C_{4v} 與 C_{2v} 的關聯性

C_{4v} 與 C_{2v} 相對應的對稱操作的特徵值

C_{4v}	E	$2C_4$	C_2	$2\sigma_v$	$2\sigma_d$	C_{2v}
A_1	1		1	1		A_1
A_2	1		1	-1		A_2
B_1	1		1	1		A_1
B_2	1		1	-1		A_2
E	2		-2	0		?

檢視上表可知 C_{4v} 群中的 E 表象在其子群 C_{2v} 中並無一對一對應的表象。因 C_{4v} 群中的 E 為二維表象, 而 C_{2v} 群僅含有一維表象, 故 E 表象在 C_{2v} 群中必為兩個一維表象的組合。可將 C_{4v} 群中對應於 C_{2v} 群中對稱元素的 E 之特徵值視為一組可簡化的表象, 化簡求出其組合。

C_{2v}	E	C_2	σ_v	σ_v'
Γ_E	2	-2	0	0

$\Gamma_E = B_1 + B_2$。

C_{4v} 與 C_{2v} 的關聯性為:

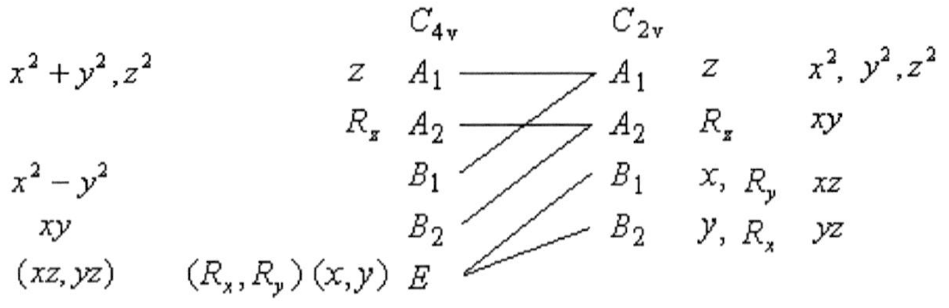

圖 4-14 C_{4v} 與 C_{2v} 的關聯性

4-11 無限群的簡化方法

無限群如 $C_{\infty v}$ 與 $D_{\infty h}$ 其級數為無限大,這樣的群含有無限多組可約表象。例如 $C_{\infty v}$ 群的特徵表為

$C_{\infty v}$	E	$2C_{\infty}^{\Phi}$	…	$\infty\sigma_v$		
$A_1=\Sigma^+$	1	1	…	1	z	x^2+y^2, z^2
$A_2=\Sigma^-$	1	1	…	-1	R_z	
$E_1=\Pi$	2	2cosΦ	…	0	$(x,y), (R_x,R_y)$	(xz,yz)
$E_2=\Delta$	2	2cos2Φ	…	0		(x^2-y^2,xy)
$E_3=\Phi$	2	2cos3Φ	…	0		
…	…	…	…	…		

表中的第一欄顯示這個點群含有無限多組最簡表象，此群的級數為無限大。根據正交定理，化簡的組合係數的公式為

$$a_i = \frac{1}{h}\sum_R \chi_i(R)\chi(R)$$

但式中的 h 為群的級數，若 $h=\infty$，則 $a_i = 0$。因為這個原因，一般將可約表象化簡的方法並不適用於無限群。

依據 Strommen 與 Lippincott 所提出的方法，將無限群 $C_{\infty v}$ 與 $D_{\infty h}$ 視為 C_{nv} 與 D_{nh} 群的特例 ($n=\infty$)，而 C_{nv} 與 D_{nh} 群均為 $C_{\infty v}$ 與 $D_{\infty h}$ 的子群。無限群與其子群的相關關係如下表:

$C_{\infty v}$	C_{2v}
$A_1 = \Sigma^+$	A_1
$A_2 = \Sigma^-$	A_2
$E_1 = \Pi$	$B_1 + B_2$
	$A_1 + A_2$

$D_{\infty h}$	D_{2h}
Σ_g^+	A_g
Σ_g^-	B_{1g}
Π_g	$B_{2g} + B_{3g}$
Δ_g	$A_g + B_{1g}$
Σ_u^+	B_{1u}
Σ_u^-	A_u
Π_u	$B_{2u} + B_{3u}$
Δ_u	$A_u + B_{1u}$

[例題]　試訂出 $C_{\infty v}$ 群中, x, y, z 的對稱性

C_{2v}	E	C_2	$\sigma_v(xz)$	$\sigma_v(yz)$		
A_1	1	1	1	1	z	x^2,y^2,z^2
A_2	1	1	-1	-1	R_z	xy
B_1	1	-1	1	-1	x,R_y	xz
B_2	1	-1	-1	1	y,R_x	yz

由 C_{2v} 的特徵表知: x 為 B_1, y 為 B_2, z 為 A_1, 即

$$\Gamma(C_{2v}) = B_1 + B_2 + A_1$$

根據相關表知 $B_1 + B_2$ 在 $C_{\infty v}$ 群中的相關表象為 $E_1 = \Pi$; A_1 在 $C_{\infty v}$ 群中的相關表象為 $A_1 = \Sigma^+$。故此組可約表象在 $C_{\infty v}$ 群中的簡化為

$$\Gamma(C_{\infty v}) = \Pi + \Sigma^+$$

檢視特徵表, (x, y) 的對稱性在 $C_{\infty v}$ 群中為 Π, z 的對稱性為 Σ^+。

[例題]　若 D_{2h} 中,一組可約表象為:

D_{2h}	E	$C_2(z)$	$C_2(y)$	$C_2(x)$	i	$\sigma(xy)$	$\sigma(xz)$	$\sigma(yz)$
Γ	15	-5	-1	-1	-3	1	5	5

試找出此組表象在無限群 $D_{\infty h}$ 的對應表象

將 Γ 在 D_{2h} 中化簡:

D_{2h}	E	$C_2(z)$	$C_2(y)$	$C_2(x)$	i	$\sigma(xy)$	$\sigma(xz)$	$\sigma(yz)$
Γ	15	-5	-1	-1	-3	1	5	5

$\Gamma = 2A_g + 2B_{2g} + 2B_{3g} + 3B_{1u} + 3B_{2u} + 3B_{3u}$

利用相關關係可得到此組表象在無限群 $D_{\infty h}$ 的對應表象為

$\Gamma(D_{\infty h}) = 2\Sigma_g^+ + 2\Pi_g + 3\Sigma_u^+ + 3\Pi_u$

無論在 D_{2h} 或 $D_{\infty h}$ 群中，此組可約表象的維度不變，均為

$2\times1 + 2\times2 + 3\times1 + 3\times2 = 15$

第五章　量子力學與群論

5-1 原子軌域與波函數

波函數 ψ 與能量 E 可由解薛丁格方程式 (Schrödinger Equation) 得到

$$\hat{H}\psi = E\psi$$

$\hat{H}$ 稱為漢彌爾敦運算子 (Hamiltonian operator), E 為能量, ψ 為原子波函數。在一維空間運動的單質點的漢彌爾敦運算子為:

$$\hat{H} = \hat{K}.E + U = -\frac{\hat{p}_x^{\ 2}}{2m} + U \qquad \hat{p}_x = \frac{\hbar}{i}\frac{d}{dx}$$

$$= -\frac{\hbar^2}{2m}\frac{d^2}{dx^2} + U \qquad U \text{ 為位能函數}$$

一維空間運動的單質點的薛丁格方程式為:

$$\left(-\frac{\hbar^2}{2m}\frac{d^2}{dx^2} + U\right)\psi = E\psi$$

$|\psi|^2 dx$ 表示粒子在 $x \to x + dx$ 區間出現的機率密度,

$$P \propto \psi\psi^* = |\psi|^2,$$

波函數必需滿足下列條件:

單一函術質值, $|\psi|^2$ 可積分; 在邊界處 $\psi \to 0$ 。

在整個空間中粒子出現的機率應為 1, 故:

$$\int \psi\psi^* \, d\tau = \int |\psi|^2 d\tau = 1 \text{ 。}$$

上式稱為波函數的歸一化(normalization), 滿足此條件的波函數稱為歸一化函數 (normalized function)。

氫原子的原子軌域
最簡單的氫原子含有一個電子(electron) 與一個質子(proton)。

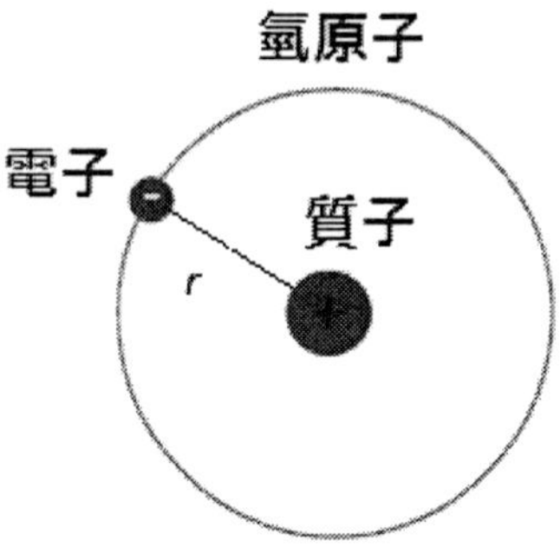

圖 5-1 氫原子的結構

氫原子的薛丁格方程式為:

$$\hat{H}\psi = E\psi$$

$$\hat{H} = \hat{K}.E + U = \frac{\hat{p}_x^{\ 2}}{2m} + \frac{\hat{p}_y^{\ 2}}{2m} + \frac{\hat{p}_z^{\ 2}}{2m} - \frac{e^2}{4\pi\varepsilon_0 r}$$

$$= -\frac{\hbar^2}{2m}\left(\frac{\partial^2}{\partial x^2} + \frac{\partial^2}{\partial y^2} + \frac{\partial^2}{\partial z^2}\right) - \frac{e^2}{4\pi\varepsilon_0 r}$$

e 為質子的荷電量, ε_0 為真空穿透係數 (permittivity in vacuum)。
描述原子軌域與波函數, 通常採用球形極坐標 (polar spherical coordinate) 系統, 將直角坐標所定義空間的一點 (x, y, z) 轉換為以極坐標參數 (r, θ, φ) 表示。球形極坐標的定義如圖 5-2 所示。

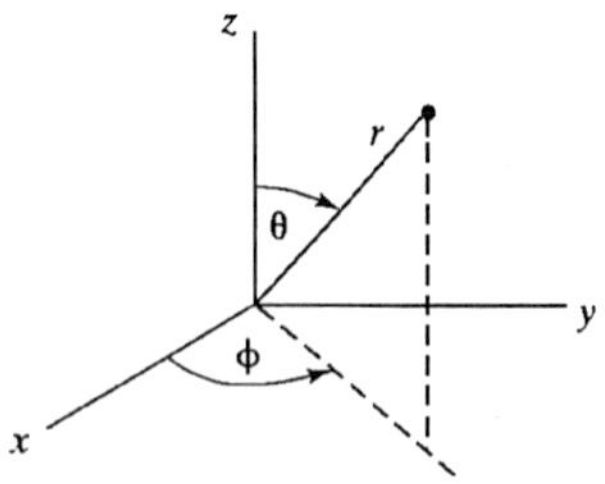

圖 5-2 球形極坐標

解氫原子的薛丁格方程式得原子波函數 $\psi(r, \theta, \varphi)$:

$$\psi_{n\ell m}(r,\theta,\phi) = R_{n,\ell}(r)Y_\ell^m(\theta,\phi)$$

$R(r)$ 為只與電子距原子核的距離 r 相關的函數，稱為徑向函數 (radial function); $Y(\theta,\phi)$ 為只與極坐標角 θ 與 ϕ 有關的角函數,其形式為球形調合函數 (spherical harmonics); n, ℓ, m 分別稱為主量子數 (principal quantum number), 角量子數 (angular quantum number) 與磁量子數 (magnetic quantum number)。各量子數均為整數，且彼此間存在一定的關係。

原子波函數 $\psi(r, \theta, \varphi)$ 稱為 "原子軌域" (atomic orbital)。
原子軌域的量子數之間的關係為:

$$n \geq 1,$$
$$\ell = 0,1,2,\cdots,n-1,$$
$$m = -\ell,-\ell+1,\cdots,\ell-1,\ell$$

氫原子的能量只與主量子數相關:

$$E_n = -\frac{13.6}{n^2}\ \text{eV}$$

對應於 ℓ 的原子軌域通常表為:

ℓ	0	1	2	3	4
	s	p	d	f	g

$n=1$, $\ell=0$, $m=0$ $1s$ 軌域

$n=2$, $\ell=0$, $m=0$ $2s$ 軌域

$$\ell=1,\ m=\left.\begin{matrix}1\\0\\-1\end{matrix}\right\}\ 2p\ \text{軌域}$$

表 5-1 列出氫原子對應於各型軌域的角函數。
表中，角函數均為實數，對應的多項式亦列於表中。由極坐標轉換為直角坐

的關係式為:

$$x = r\sin\theta\cos\phi, \quad y = r\sin\theta\sin\phi, \quad z = r\cos\theta$$
$$r^2 = x^2 + y^2 + z^2$$

將 r 部份忽略, 角函數轉換為直角坐標函數, 如表所示。

表 5-1. 氫原子對應於各型軌域的角函數

原子軌域			$Y_\ell^m(\theta,\phi) = N\, S_\ell^m(\theta,\phi)$	
符號	**多項式**	**簡式**	N	$S_\ell^m(\theta,\phi)$
s	$x^2+y^2+z^2$		$\frac{1}{2\sqrt{\pi}}$	
p	z		$\frac{\sqrt{3/\pi}}{2}$	$\cos\theta$
	x		$\frac{\sqrt{3/\pi}}{2}$	$\sin\theta\cos\phi$
	y		$\frac{\sqrt{3/\pi}}{2}$	$\sin\theta\sin\phi$
d	$2z^2-x^2-y^2$	z^2	$\frac{\sqrt{5/\pi}}{4}$	$3\cos^2\theta-1$
	xz		$\frac{\sqrt{15/\pi}}{2}$	$\sin\theta\cos\theta\cos\phi$
	yz		$\frac{\sqrt{15/\pi}}{2}$	$\sin\theta\cos\theta\sin\phi$
	x^2-y^2		$\frac{\sqrt{15/\pi}}{4}$	$\sin^2\theta\cos 2\phi$
	xy		$\frac{\sqrt{15/\pi}}{4}$	$\sin^2\theta\sin 2\phi$

N 為規一化常數, 所列出的角函數均規一化:

$$\int\left|Y_\ell^m(\theta,\phi)\right|^2 d\tau = \int_0^{2\pi}\int_0^{\pi}\left|Y_\ell^m(\theta,\phi)\right|^2 \sin\theta d\theta d\phi = 1$$

[例題] 試找出 s 軌域的多項式

$$x = r\sin\theta\cos\phi, \quad y = r\sin\theta\sin\phi, \quad z = r\cos\theta$$
$$r^2 = x^2 + y^2 + z^2$$

將 r 部份忽略, s 軌域的多項式為常數

[例題] 試找出 p_x 軌域的多項式

$$x = r\sin\theta\cos\phi$$
$$N\sin\theta\cos\phi = (N/r)x = C\cdot x$$

[例題] 試找出 d_{xz} 軌域的多項式

$$x = r\sin\theta\cos\phi, \quad z = r\cos\theta$$

$$N\sin\theta\cos\theta\cos\phi = N(\sin\theta\cos\phi)(\cos\theta) = N(x/r)(z/r) = (N/r^2)xz$$
$$= C\cdot xz$$

[例題]　試找出 d_{z^2} 軌域的多項式

$$x = r\sin\theta\cos\phi, \quad y = r\sin\theta\sin\phi, \quad z = r\cos\theta$$

$$\begin{aligned} N(3\cos^2\theta - 1) &= N(2\cos^2\theta - \sin^2\theta) \\ &= N(2\cos^2\theta - \sin^2\theta\cdot(\cos^2\phi + \sin^2\phi)) \\ &= (N/r^2)(2z^2 - x^2 - y^2) \\ &= C\cdot(2z^2 - x^2 - y^2) \end{aligned}$$

多項式的簡式為 z^2, 軌域 $d_{2z^2-x^2-y^2}$ 簡稱為 d_{z^2}

各原子軌域圖示如下:

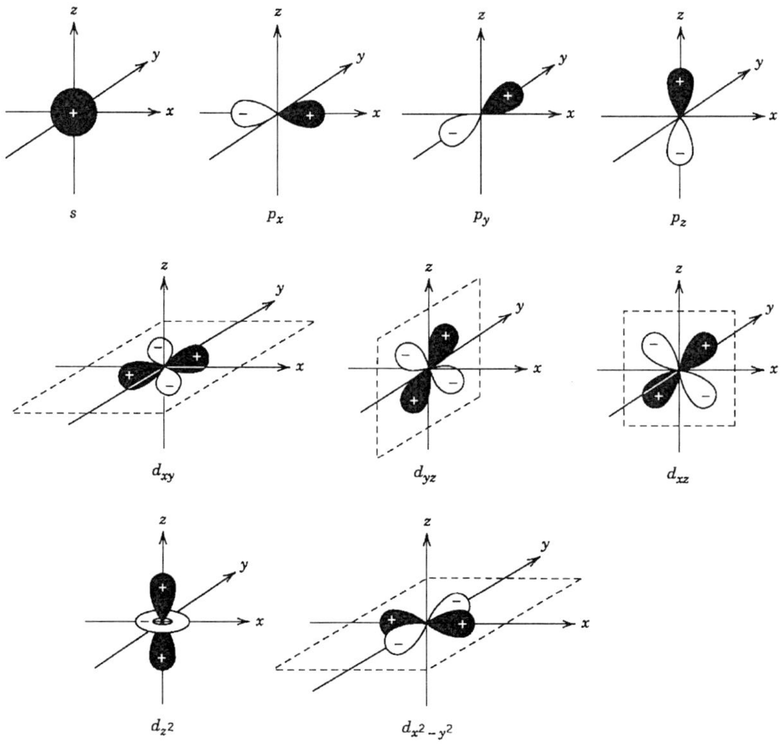

圖 5-3 原子軌域

圖中的黑色區域與白色區域顯示波函數的至正負。

5-2 分子中原子軌域的對稱性

分子中原子軌域的對稱性與分子的形狀相關。以 AB_n 分子中 A 原子的原子軌域為例:

[例題] 試定出角錐形 AB_4 分子中 A 原子的 $d_{x^2-y^2}$ 原子軌域的對稱性

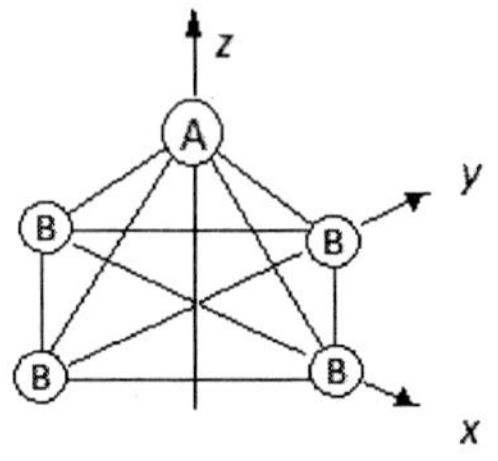

圖 5-4　角錐形 AB_4 分子

角錐形 AB_4 分子得為稱群為 C_{4v}, 對稱操作元素為: $E,2C_4,C_2,2\sigma_v,2\sigma_d$

C_{4v} 中 A 原子的 $d_{x^2-y^2}$ 原子軌域對稱操作所對應的特徵值為:

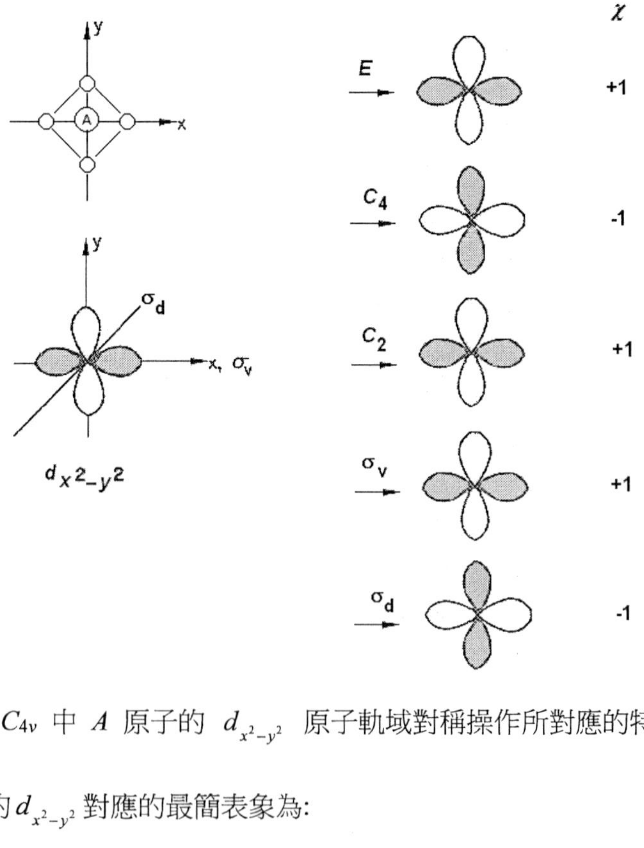

圖 5-5 C_{4v} 中 A 原子的 $d_{x^2-y^2}$ 原子軌域對稱操作所對應的特徵值

A 原子的 $d_{x^2-y^2}$ 對應的最簡表象為:

C_{4v}	E	$2C_4$	C_2	$2\sigma_v$	$2\sigma_d$
Γ	1	-1	1	1	-1

在 C_{4v} 中，$\Gamma = B_1$

C_{4v} 的特徵表中 $x^2 - y^2$ 的對稱性為 B_1。此多項式的對應於 $d_{x^2-y^2}$。

因此，AB_n 分子中 A 原子的原子軌域的對稱性可直接由特徵表中多項式對應的對稱性得出。

原子軌域 p_x, p_y, p_z 的對稱性與 x, y, 與 z 相同; $d_{xy}, d_{xz}, d_{yz}, d_{x^2-y^2}$ 的對稱性與函數 xy, xz, yz, $x^2 - y^2$ 相同; d_{z^2} 的對稱性與函數 z^2 或 $2z^2 - x^2 - y^2$ 相同。

s 軌域的對稱性與 $x^2 + y^2 + z^2$ 相同。函數 $x^2 + y^2 + z^2$ 的形狀為球形，其對稱性在任何群中均為全對稱表象。

5-3 分子軌域

解分子對應的薛丁格方程式得分子的能量 E 與分子的波函數 $\psi(x_i, y_i, z_i)$

$$\hat{H}\psi = E\psi$$

分子的漢彌爾頓運算子為:

$$\hat{H} = -\sum_{i=1}^{N} \frac{\hbar^2}{2m_e} \nabla_i^{\,2} - \sum_{i=1}^{N} \sum_{A} \frac{Z_A e^2}{4\pi\varepsilon_0 r_{iA}} + \sum_{i=1}^{N-1} \sum_{j>i} \frac{e^2}{4\pi\varepsilon_0 r_{ij}} + \sum_{A} \sum_{B} \frac{Z_A Z_B e^2}{4\pi\varepsilon_0 R_{AB}}$$

式中 i 為電子的序號，A,B 為原子核的序號，Z_A，Z_B 為 A 與 B 的原子序，r_{ij} 為第 i 個電子與第 j 個地子的距離，r_{iA} 為第 i 個電子與 A 原子核的距離，R_{AB} 為原子核 A，B 間的距離。

[例題] 試寫出氫分子 H_2 的漢彌爾頓運算子

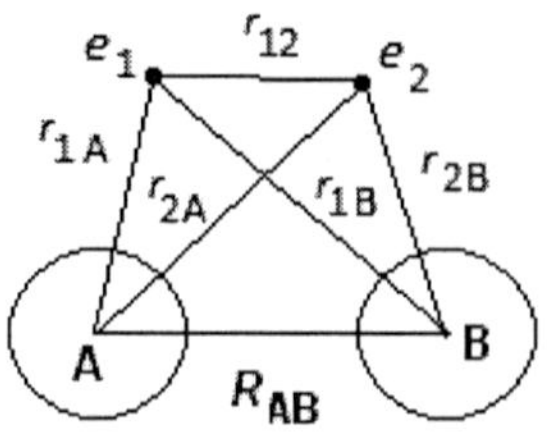

圖 5-6　H_2 分子

依圖, 氫分子 H_2 的漢彌爾頓運算子為:

$$\hat{H} = K.E_1 + K.E_2 + U_{1A} + U_{1B} + U_{2A} + U_{2B} + U_{12} + U_{AB}$$

$$K.E_1 = \frac{\hat{p}_{x,1}{}^2}{2m_e} + \frac{\hat{p}_{y,1}{}^2}{2m_e} + \frac{\hat{p}_{z,1}{}^2}{2m_e}$$

$$= -\frac{\hbar^2}{2m_e}\left(\frac{\partial^2}{\partial x_1{}^2} + \frac{\partial^2}{\partial y_1{}^2} + \frac{\partial^2}{\partial z_1{}^2}\right), \ldots\ldots$$

$$U_{1A} = -\frac{e^2}{4\pi\varepsilon_0 r_{1A}}, \ldots\ldots$$

$$U_{12} = \frac{e^2}{4\pi\varepsilon_0 r_{12}}, \qquad U_{AB} = \frac{e^2}{4\pi\varepsilon_0 R_{AB}}$$

分子的波函數 (分子軌域 molecular orbital, MO) 可近似為原子軌域 (AO) 的線性組合, (MO-LCAO):

$$\psi_{MO} = \sum_i c_i \phi_{i,AO},$$

[例題] 試寫出氫分子 H_2 的 MO-LCAO:

$$\psi_{H_2} = c_A 1s_A + c_B 1s_B$$

$1s_A, 1s_B$ 分別為 A, B 原子的 $1s$ 軌域

根據量子力學解出氫分子的分子軌域能量如下圖:

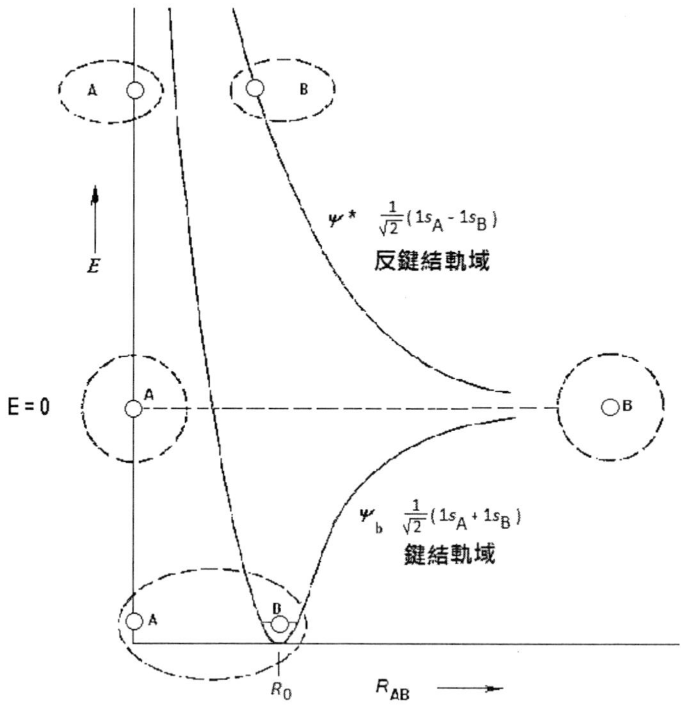

圖 5-7　H_2 分子的分子軌域能量圖

圖中顯示 $R_{AB} = R_0$ 處原子軌域互相重合 (overlapped)。重合積分的大小顯示軌域的重合度:

$$S = \int 1s_A 1s_B d\tau$$

積分值 S 愈大, 表示原子軌域重合度愈高。

H_2 分子的能階圖可以表示為:

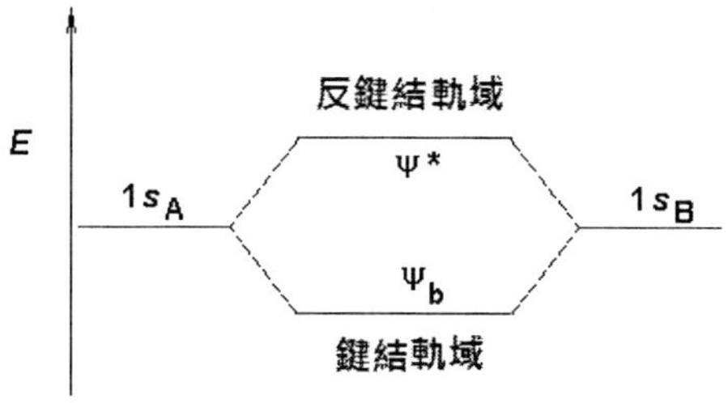

圖 5-8　H_2 分子的能階圖

5-4 分子軌域的對稱性

分子軌域具有一定的對稱性。量子力學所得的分子軌域的波函數必為分子所屬對稱群中表象的基底。

[例題]　試找出 H_2 分子軌域的對撐性

H_2 分子的對稱群為 $D_{\infty h}$.

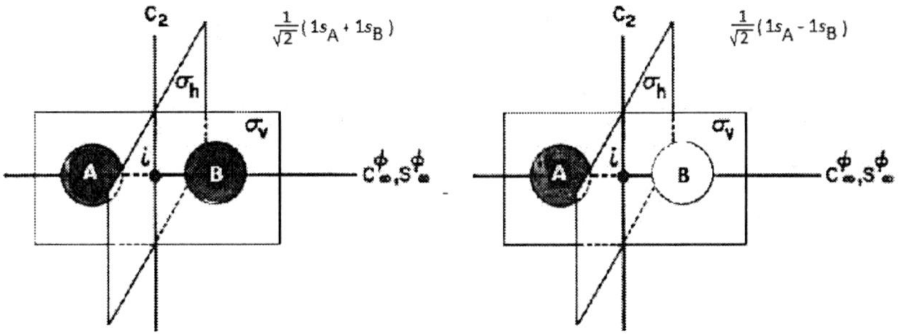

圖 5-9　H_2 分子軌域

利用 D_{2h} 與 $D_{\infty h}$ 的相關性, 對應於分子軌域 $\psi_b = \frac{1}{\sqrt{2}}(1s_A + 1s_B)$ 的可約表象為:

D_{2h}	E	$C_2(z)$	$C_2(y)$	$C_2(x)$	i	$\sigma(xy)$	$\sigma(xz)$	$\sigma(yz)$	
B_{3u}	1	-1	-1	1	-1	1	1	-1	$\frac{1}{\sqrt{2}}(1s_A + 1s_B)$

分子軌域的對稱性為 A_g, 關聯至 $D_{\infty h}$, 軌域的對稱性為 Σ_g

同理, 對應於分子軌域 $\psi^* = \frac{1}{\sqrt{2}}(1s_A - 1s_B)$ 的可約表象為:

D_{2h}	E	$C_2(z)$	$C_2(y)$	$C_2(x)$	i	$\sigma(xy)$	$\sigma(xz)$	$\sigma(yz)$	
Γ	1	1	-1	-1	-1	-1	1	1	$\frac{1}{\sqrt{2}}(1s_A - 1s_B)$

分子軌域的對稱性為 B_{1u}, 關聯至 $D_{\infty h}$, 軌域的對稱性為 Σ_u

故得 H_2 分子的分子軌域的對稱性為:

ψ_b; Σ_g,　　ψ^*: Σ_u

[例題]　試找出 H_2 分子的分子軌域: $\psi = \frac{1}{\sqrt{2}}(p_{x,A} + p_{x,B})$ 的對稱性

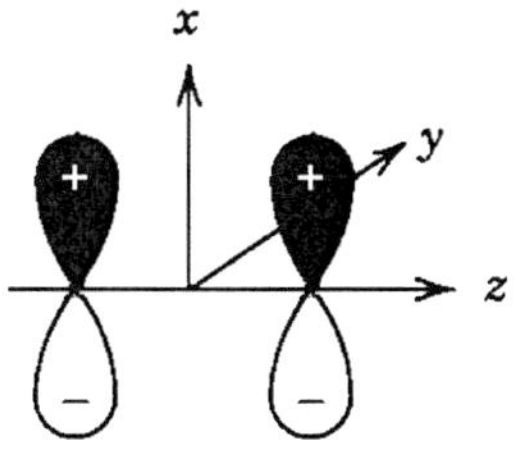

圖 5-10　H_2 分子軌域 $\psi = \frac{1}{\sqrt{2}}(p_{x,A} + p_{x,B})$

D_{2h}	E	$C_2(z)$	$C_2(y)$	$C_2(x)$	i	$\sigma(xy)$	$\sigma(xz)$	$\sigma(yz)$	
Γ	1	-1	-1	1	-1	1	1	-1	$\frac{1}{\sqrt{2}}(p_{x,A} + p_{x,B})$

分子軌域的對稱性為 B_{3u},關聯至 $D_{\infty h}$, 軌域的對稱性為 Π_u

第六章　應用群論的工具

6-1 投影運算子

投影運算子的數學式為:

$$\hat{P}^{i} = \frac{\ell_i}{h}\sum_{R}\chi(R)^{i}\hat{R}$$

$\hat{R}$ 為群中的對稱操作，$\chi(R)^i$ 為第 i 組最簡表象中對應於 R 的特徵值，ℓ_i 為第 i 組最簡表象的維度，h 為群的階數。

投影運算子"除去"函數中不屬於最簡表象的部份。

[例題]　在 C_{2v} 中，找出以投影運算子作用於 $x^2+xy-2z$ 的結果

C_{2v}	E	C_2	$\sigma_v(xz)$	$\sigma_v(yz)$		
A_1	1	1	1	1	z	x^2,y^2,z^2
A_2	1	1	-1	-1	R_z	xy
B_1	1	-1	1	-1	x,R_y	xz
B_2	1	-1	-1	1	y,R_x	yz

以對稱性為 A_1 的投影運算子作用於函數得:

$$\hat{p}^{A_1}(x^2+xy-2z) = \frac{1}{4}\Big[\chi_{A_1}(E)\cdot\hat{E}(x^2+xy-2z)+\chi_{A_1}(C_2)\cdot\hat{C}_2(x^2+xy-2z)$$

$$+\chi_{A}\big(\sigma_v(xz)\big)\cdot\hat{\sigma}_v(xz)(x^2+xy-2z)$$

$$+\chi_{A}\big(\sigma_v(yz)\big)\cdot\hat{\sigma}_v(yz)(x^2+xy-2z)\ \Big]$$

因 $\hat{E}(x^2+xy-2z)=x^2+xy-2z$,

$$\hat{C}_2(x^2+y^2-2z)=(-x)^2+(-x)(-y)-2z=x^2+xy-2z$$

$$\hat{\sigma}_v(xz)(x^2+y^2-2z)=x^2+x(-y)-2z=x^2-xy-2z$$

$$\hat{\sigma}_v(yz)(x^2+y^2-2z)=(-x)^2+(-x)y-2z=x^2-xy-2z$$

故得:

$$\hat{p}^{A_1}(x^2+xy-2z)=\frac{1}{4}\Big[1\cdot(x^2+xy-2z)+1\cdot(x^2+xy-2z)$$
$$+1\cdot(x^2-xy-2z)+1\cdot(x^2-xy-2z)\ \Big]$$

$$\hat{p}_{A_1}(x^2+xy-2z)=x^2-2z$$

依此，對應於 A_1，xy 被由 $x^2+xy-2z$ 中除去

在其它的對稱性中，以同樣方法可除去 $x^2+xy-2z$ 中不屬於該對稱性的部份。

6-2 依對稱性的線性組合

利用投影運算子可找出**依對稱性的線性組合**(symmetry adapted linear combination, SALC) 的組合係數。

SALC 為基底函數或基底向量**的線性組合，具有與群中最簡表象相同的對稱性。**

[例題] 試找出由 H_2 分子的兩個 1s 軌域為基底的 SALC

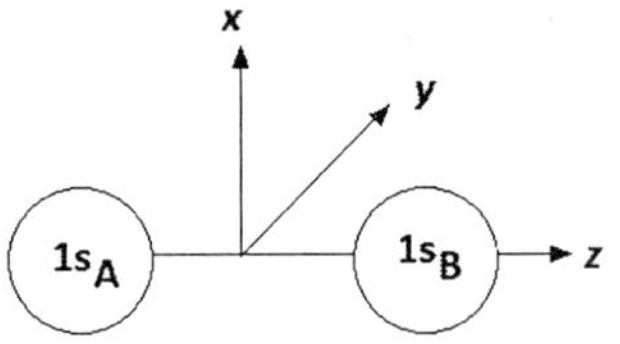

圖 6-1 H_2 分子的 1s 軌域

分子的對稱群為 $D_{\infty h}$.

利用 D_{2h} 與 $D_{\infty h}$ 的相關性，以兩個 1s 軌域為基底，所對應的可約表象為:

D_{2h}	E	$C_2(z)$	$C_2(y)$	$C_2(x)$	i	$\sigma(xy)$	$\sigma(xz)$	$\sigma(yz)$
Γ	2	2	0	0	0	0	2	2

$\Gamma=A_g+B_{1u}$

以投影運算子 $\hat{p}^{A_g}$ 作用於 1s_A，得:

$$\hat{p}^{A_g}\,1\,s_A=\frac{1}{8}\Big(1\cdot\hat{E}1s_A+1\cdot\hat{C}_2(z)1s_A+1\cdot\hat{C}_2(y)1s_A+1\cdot\hat{C}_2(x)1s_A$$
$$+1\cdot\hat{i}1s_A+1\cdot\hat{\sigma}(xy)1s_A+1\cdot\hat{\sigma}(xz)1s_A+1\cdot\hat{\sigma}(yz)1s_A\Big)$$

$$= \frac{1}{8}\left(1s_A + 1s_A + 1s_B + 1s_B + 1s_B + 1s_B + 1s_A + 1s_A\right)$$

$$\sim (1s_A + 1s_B)$$

因此, 具有 A_g 對稱性的 SALC 為 $1s_A + 1s_B$

可以將 SALC 歸一化: SALC = $N(1s_A + 1s_B)$

$$N = \frac{1}{\sqrt{1^2 + 1^2}} = \frac{1}{\sqrt{2}}$$

式中, " $\sqrt{\ }$ " 內的數為線性組合係數的平方和

$$\text{SALC}(A_g) = \frac{1}{\sqrt{2}}(1s_A + 1s_B)$$

同理, 以投影運算子 $\hat{p}^{B_{1u}}$ 作用於 $1s_A$:

$$\hat{p}^{B_{1u}}\, 1s_A = \frac{1}{8}\Big(1\cdot\hat{E}1s_A + 1\cdot\hat{C}_2(z)1s_A - 1\cdot\hat{C}_2(y)1s_A - 1\cdot\hat{C}_2(x)1s_A$$

$$-1\cdot\hat{i}1s_A - 1\cdot\hat{\sigma}(xy)1s_A + 1\cdot\hat{\sigma}(xz)1s_A + 1\cdot\hat{\sigma}(yz)1s_A\Big)$$

$$= \frac{1}{8}\left(1s_A + 1s_A - 1s_B - 1s_B - 1s_B - 1s_B + 1s_A + 1s_A\right)$$

$$\sim (1s_A - 1s_B)$$

得歸一化的 $\text{SALC}(B_{1u}) = \frac{1}{\sqrt{2}}(1s_A - 1s_B)$

[例題]　試找出 $C_3H_3^+$ 分子由 $p\perp$ 軌域組合的 SALC

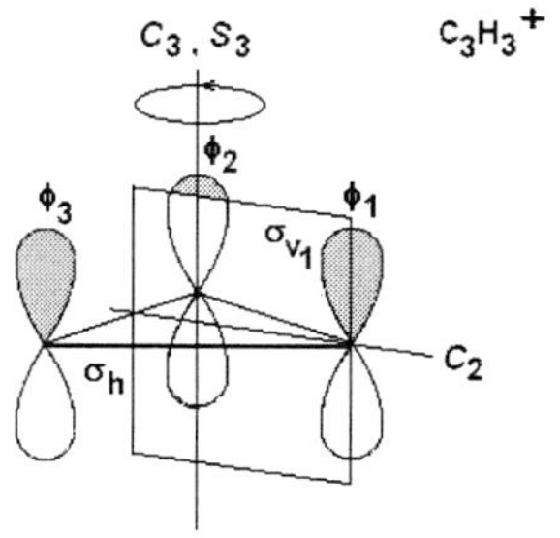

圖 6-2 $C_3H_3^+$ 分子的 $p\perp$ 軌域

分子屬於 D_{3h} 群。以 $(\phi_1,\phi_2\phi_3)$ 為基底, 得可約表象為:

D_{3h}	E	$2C_3$	$3C_2$	σ_h	$2S_3$	$3\sigma_v$
Γ	3	0	-1	-3	0	1

$\Gamma = A_2'' + E''$

以投影運算子 A_2'' 作用於 ϕ_1:

$$\hat{p}^{A_2''}\phi_1 \approx (1)\hat{E}\phi_1 + (1)\hat{C}_3\phi_1 + (1)\hat{C}_3{}^2\phi_1 + (-1)\hat{C}_2\phi_1 + (-1)\hat{C}_2{}'\phi_1 + (-1)\hat{C}_2{}''\phi_1$$

$$+(-1)\sigma_h\phi_1 + (-1)\hat{S}_3\phi_1 + (-1)\hat{S}_3{}^2\phi_1 + (1)\sigma_{v_1}\phi_1 + (1)\sigma_{v_2}\phi_1 + (1)\sigma_{v_3}\phi_1$$

得歸一化的 SALC(A_2''): $\frac{1}{\sqrt{3}}(\phi_1+\phi_2+\phi_3)$

同理, 以投影運算子 E'' 作用於 ϕ_1:

$$\hat{p}^{E''}\phi_1 \approx (2)\hat{E}\phi_1 + (-1)\hat{C}_3\phi_1 + (-1)\hat{C}_3{}^2\phi_1 + (0)\hat{C}_2\phi_1 + (0)\hat{C}_2{}'\phi_1 + (0)\hat{C}_2{}''\phi_1$$

$$+(-2)\sigma_h\phi_1 + (1)\hat{S}_3\phi_1 + (1)\hat{S}_3{}^2\phi_1 + (0)\sigma_{v_1}\phi_1 + (0)\sigma_{v_2}\phi_1 + (0)\sigma_{v_3}\phi_1$$

$$= 4\phi_1 - 2\phi_2 - 2\phi_3 \approx 2\phi_1 - \phi_2 - \phi_3$$

得歸一化的 SALC(E''): $\frac{1}{\sqrt{6}}(2\phi_1-\phi_2-\phi_3)$

但 E'' 表象為二維的表象, 表示其基底函數應有兩個, 並且, 這兩個函數對應的能量也相同 (degenerate)。將 $\hat{p}^{E''}$ 作用於 ϕ_1 只得到其中的一個。求第二個 SALC 的方法有許多種，但最簡單的為利用純旋轉子群的方法。以此分子為例，D_{3h} 群的純旋轉子群為 C_3，由群與子群的相關關係可得出 E" 表象的兩個 SALC。

此處先証明一個量子力學中非常重要的定理:

設兩個不同的波函數 ψ_1，ψ_2 的能量相同，均為 E，稱為簡併 (degenerate) 的波函數，則由量子力學可知:

$$\hat{H}\psi_1 = E\psi_1$$

$$\hat{H}\psi_2 = E\psi_2$$

$\hat{H}$：為漢彌爾頓運算子

若一波函數為 ψ_1，ψ_2 的線性組合，如:

$$\psi_{new} = c_1\psi_1 + c_2\psi_2$$

c_1，c_2 為任意的組合係數

將此組合的波函數代入薛丁格方程式，得:

$$\hat{H}\psi_{new} = \hat{H}(c_1\psi_1 + c_2\psi_2) = c_1\hat{H}\psi_1 + c_2\hat{H}\psi_2 = c_1E\psi_1 + c_2E\psi_2$$

$$= E(c_1\psi_1 + c_2\psi_2) = E\psi_{new}$$

若一函數為簡併函數 (degenerate function) 的線性組合，則此函數依然為漢彌爾頓運算子的特徵函數(eigen function)，且其特徵值 (eigen value, energy) 與簡併函數的特徵值相同。

[例題]　立方體盒中自由運動粒子的波函數為 $\psi(n_x, n_y, n_z)$，其能量為

$$E(n_x, n_y, n_z) = \frac{h^2}{8ma^2}(n_x{}^2 + n_y{}^2 + n_z{}^2)$$

(n_x, n_y, n_z) = (2, 1, 1); (1,2,1); (1,1,2) 的三個狀態為簡併狀態

其對應的能量為: $E = \frac{h^2}{8ma^2}(2^2+1^2+1^2) = \frac{3h^2}{4ma^2}$

將此三個波函數組合成新的函數:

$$\psi_{new} = c_1\psi(2,1,1) + c_2\psi(1,2,1) + c_3\psi(1,1,2)$$

c_1, c_2 與 c_3 為任意常數

此組合後的波函數的能量依然為: $\frac{3h^2}{4ma^2}$

依此, 可依特殊的情形將簡併的波函數線性組合成所需要的新函數, 而不改變其對應的能量。

[例題]　利用純旋轉群 C_3 找出 $C_3H_3^+$ 中由 $p\perp$ 軌域組合的 SALC

D_{3h} 群的純旋轉子群為 C_3, 由群與子群的相關關係可知 D_{3h} 中 A_2" 與 E" 表象在 C_3 子群中對應的表象為 A 及 E。

$$\Gamma(D_{3h}) = A_2'' + E''$$
$$\Gamma(C_3) = A + E$$

C_3	E	C_3	C_3^2
A	1	1	1
E	$\left\{\begin{matrix}1\\1\end{matrix}\right.$	$\begin{matrix}\varepsilon\\\varepsilon^*\end{matrix}$	$\left.\begin{matrix}\varepsilon^*\\\varepsilon\end{matrix}\right\}$

$\varepsilon = \exp(i2\pi/3)$

以投影運算子 A 作用於 ϕ_1:

$$\hat{p}^A\phi_1 \approx (1)\hat{E}\phi_1 + (1)\hat{C}_3\phi_1 + (1)\hat{C}_3{}^2\phi_1 = \phi_1 + \phi_2 + \phi_3$$

$$\mathrm{SALC}(A) = \frac{1}{\sqrt{3}}(\phi_1 + \phi_2 + \phi_3)$$

對稱性為 E 的特徵值有兩列, 將此兩列分別視為兩組最簡表象, 以對應的投影運算子分別作用於 ϕ_1 得

$$\hat{p}^{E_a}\phi_1 \approx (1)\hat{E}\phi_1 + (\varepsilon)\hat{C}_3\phi_1 + (\varepsilon^*)\hat{C}_3{}^2\phi_1 = \phi_1 + \varepsilon\phi_2 + \varepsilon^*\phi_3 \qquad (1)$$

$$\hat{p}^{E_b}\phi_1 \approx (1)\hat{E}\phi_1 + (\varepsilon^*)\hat{C}_3\phi_1 + (\varepsilon)\hat{C}_3{}^2\phi_1 = \phi_1 + \varepsilon^*\phi_2 + \varepsilon\phi_3 \qquad (2)$$

這兩組 SALC 為 E 表象的簡併基底函數。 這兩組函數都含有複數項, 將上二函數線性組合, 消去複數項, 可得實數的基底函數。

$$(1)+(2) \rightarrow 2\phi_1 + (\varepsilon+\varepsilon^*)\phi_2 + (\varepsilon^*+\varepsilon)\phi_3, \quad \varepsilon+\varepsilon^* = -1$$
$$(1)+(2) \rightarrow 2\phi_1 - \phi_2 - \phi_3$$

得到 E'' 的一個歸一化 SALC (E''): $\frac{1}{\sqrt{6}}(2\phi_1 - \phi_2 - \phi_3)$

$$(1)-(2) \rightarrow (\varepsilon-\varepsilon^*)\phi_2 + (\varepsilon^*-\varepsilon)\phi_3 \qquad \text{將相同的係數約去}$$
$$\sim (\phi_2 - \phi_3)$$

得到 E'' 的另一個歸一化 SALC (E''): $\frac{1}{\sqrt{2}}(\phi_2 - \phi_3)$

D_{3h}	C_3	SALC
A_2''	A	$\frac{1}{\sqrt{3}}(\phi_1 + \phi_2 + \phi_3)$
E''	E	$\frac{1}{\sqrt{6}}(2\phi_1 - \phi_2 - \phi_3)$; $\frac{1}{\sqrt{2}}(\phi_2 - \phi_3)$

[例題] 試找出四角錐形分子 AB_4 中由鍵所組成的 SALC

AB_4 四角錐形分子屬於 C_{4v} 群

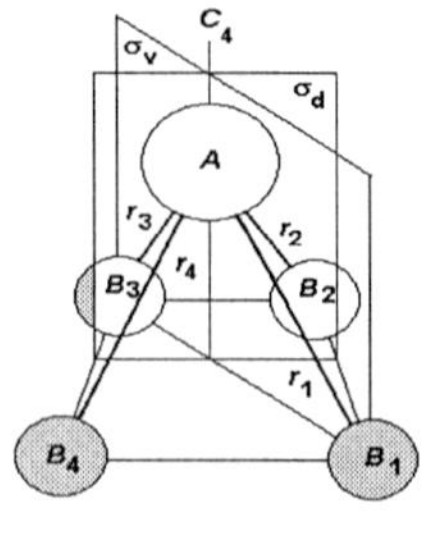

圖 6-3 四角錐形分子 AB_4

以鍵(r_1, r_2, r_3, r_4) 為基底向量的可約表象為:

C_{4v}	E	$2C_4$	C_2	$2\sigma_v$	$2\sigma_d$
Γ	4	0	0	2	0

$\Gamma(C_{4v}) = A_1 + B_1 + E$

利用C_4 與 C_{4v} 的相關性, 得:

$\Gamma(C_4) = A + B + E$

C_4	E	C_4	C_2	C_4^3
A	1	1	1	1
B	1	-1	1	-1
E	$\begin{Bmatrix}1 \\ 1\end{Bmatrix}$	i $-i$	-1 -1	$-i$ i

以投影運算子 A 作用於 r_1:

$$\hat{p}^{A_1} r_1 \approx (1)\hat{E}r_1 + (1)\hat{C}_4 r_1 + (1)\hat{C}_2 r_1 + (1)\hat{C}_4^{\,3} r_1 \quad = r_1 + r_2 + r_3 + r_4$$

$$\text{SALC}(A) = \frac{1}{2}(r_1 + r_2 + r_3 + r_4)$$

以投影運算子 B 作用於 r_1:

$$\hat{p}^{B_1} r_1 \approx (1)\hat{E}r_1 + (-1)\hat{C}_4 r_1 + (1)\hat{C}_2 r_1 + (-1)\hat{C}_4^{\,3} r_1 \quad = r_1 - r_2 + r_3 - r_4$$

$$\text{SALC}(B) = \frac{1}{2}(r_1 - r_2 + r_3 - r_4)$$

以投影運算子 E 分別作用於 r_1, 得到兩組含虛數的 SALC:

$r_1 + ir_2 - r_3 - ir_4$ (1)

$r_1 - ir_2 - r_3 + ir_4$ (2)

(1) + (2) $\rightarrow$ $r_1 - r_3$

(1) - (2) $\rightarrow$ $r_2 - r_4$

$$\mathrm{SALC}\,(E_a) = \frac{1}{\sqrt{2}}(r_1 - r_3)$$

$$\mathrm{SALC}(E_b) = \frac{1}{\sqrt{2}}(r_2 - r_4)$$

6-3 直接乘積

將點群中兩組表象 A 與 B 的特徵值相乘所得的結果稱為直接乘積 (direct product), 記為 $A\times B$。

[例題]　在 C_{2v} 群中， 直接乘積為:

C_{2v}	E	C_2	$\sigma_v(xz)$	$\sigma_v(yz)$		
A_1	1	1	1	1	z	x^2,y^2,z^2
A_2	1	1	-1	-1	R_z	xy
B_1	1	-1	1	-1	x,R_y	xz
B_2	1	-1	-1	1	y,R_x	yz

C_{2v}	E	C_2	$\sigma_v(xz)$	$\sigma_v(yz)$	
$A_1\times A_2$	1	1	-1	-1	$= A_2$
$A_2\times B_1$	1	-1	-1	1	$= B_2$
$B_2\times B_2$	1	1	1	1	$= A_1$
$B_1\times B_2$	1	1	-1	-1	$= A_2$
$B_1\times A_1$	1	-1	1	-1	$= B_1$

若 f_A 為最簡表象 A 的基底, f_B 為最簡表象 B 的基底, 則 f_Af_B 為直接乘積 $A\times B$ 的基底。

[例題]　檢驗 C_{2v} 中直接乘積的對稱性

x 為 B_1 的基底; y 為 B_2 的基底, 直接乘積 $B_1\times B_2 = A_2$, 由特徵表知 xy 為 A_2 的基底。

x 為 B_1 的基底; z 為 A_1,的基底, 直接乘積 $B_1\times A_1 = B_1$, 由特徵表知 xz 為 B_1 的基底。

直接乘積形成的可約表象, 可簡化為最簡表象的組合

[例題]　檢驗 C_{3v} 中直接乘積的可約表象

C_{3v}	E	$2C_3$	$3\sigma_v$		
A_1	1	1	1	z	x^2+y^2,z^2
A_2	1	1	-1	R_z	
E	2	-1	0	(x,y); (R_x,R_y)	(x^2-y^2,xy); (xz,yz)

		E	$2C_3$	$3\sigma_v$	
$A_1 \times A_2$	$\rightarrow$	1×1	1×1	1×(-1)	
Γ		1	1	-1	$\Gamma = A_2$
$A_2 \times E$	$\rightarrow$	1×2	1×(-1)	-1×0	
Γ		2	-1	0	$\Gamma = E$
$E \times E$	$\rightarrow$	2×2	(-1)×(-1)	0×0	
Γ		4	1	0	$\Gamma = A_1 + A_2 + E$

兩組相同最簡表象的直接乘積必定含有全對稱 (totally symmetric) 的最簡表象。

如在 C_{3v} 群中, 兩組相同最簡表象的直接乘積為:

$A_1 \times A_1$　$\Gamma = A_1$

$A_2 \times A_2$　$\Gamma = A_1$

$E \times E$　$\Gamma = A_1 + A_2 + E$

[例題]　在 C_{5v} 群中, 計算並化簡直接乘積 $E_1 \times E_1$

C_{5v}	E	$2C_5$	$2C_5^2$	$5\sigma_v$		
A_1	1	1	1	1	z	x^2+y^2,z^2
A_2	1	1	1	-1	R_z	
E_1	2	2cos72°	2cos144°	0	(x,y); (R_x,R_y)	(xz,yz)
E_2	2	2cos144°	2cos72°	0		(x^2-y^2,xy)

C_{5v}	E	$2C_5$	$2C_5^2$	$5\sigma_v$
$E_2 \times E_2$	4	4cos144°cos144°	4cos72°cos72°	0

$2\cos 72^o = 0.618034$　　　$4\cos 72^o \cos 72^o = 0.382344$

$2\cos 144^o = -1.618034$　　　$4\cos 144^o \cos 144^o = 2.618034$

依正交定理, 化簡 $E_2 \times E_2$:

$E_2 \times E_2 = A_1 + A_2 + E_1$

[例題]　試証在C_{3v} 群中, $(x^2 - y^2, xy)$ 與 (xz, yz) 的組合, 構成直接乘積 $E \times E$ 的基底

C_{3v}	E	$2C_3$	$3\sigma_v$		
A_1	1	1	1	z	x^2+y^2, z^2
A_2	1	1	-1	R_z	
E	2	-1	0	(x,y); (R_x,R_y)	(x^2-y^2,xy); (xz,yz)

以向量 (x, y, z) 為基底, 對應於 C_{3v} 群對稱操作的矩陣為:

$$\begin{matrix} & E & C_3 & \sigma_v & \end{matrix}$$

$$\begin{bmatrix} x' \\ y' \\ z' \end{bmatrix} \begin{bmatrix} 1 & 0 & 0 \\ 0 & 1 & 0 \\ 0 & 0 & 1 \end{bmatrix} \begin{bmatrix} -\frac{1}{2} & -\frac{\sqrt{3}}{2} & 0 \\ \frac{\sqrt{3}}{2} & -\frac{1}{2} & 0 \\ 0 & 0 & 1 \end{bmatrix} \begin{bmatrix} 1 & 0 & 0 \\ 0 & -1 & 0 \\ 0 & 0 & 1 \end{bmatrix} \begin{bmatrix} x \\ y \\ z \end{bmatrix}$$

操作前後向量的關係為:

$$\begin{matrix} & & E & C_3 & \sigma_v \end{matrix}$$

$$\begin{bmatrix} x' \\ y' \\ z' \end{bmatrix} = \begin{bmatrix} x \\ y \\ z \end{bmatrix} \quad \begin{bmatrix} -1/2x - \sqrt{3}/2y \\ \sqrt{3}/2x - 1/2y \\ z \end{bmatrix} \quad \begin{bmatrix} x \\ -y \\ z \end{bmatrix}$$

(x^2-y^2,xy) 與 (xz,yz) 組合成 4 個函數:

$(x^2-y^2)xz$， $(x^2-y^2)yz$， $xyxz$， $xyyz$

以此 4 個函數為基底, 經` $\hat{C}_3$ 旋轉操作的矩陣式為:

$$\begin{bmatrix}(x'^2-y'^2)(x'z')\\(x'^2-y'^2)(y'z')\\(x'y')(x'z')\\(x'y')(y'z')\end{bmatrix}=\begin{bmatrix}\frac{1}{4} & -\frac{\sqrt{3}}{2} & \frac{\sqrt{3}}{4} & -\frac{3}{2}\\ -\frac{\sqrt{3}}{4} & \frac{1}{4} & \frac{3}{2} & -\frac{\sqrt{3}}{2}\\ \frac{\sqrt{3}}{8} & \frac{3}{8} & \frac{1}{4} & \frac{\sqrt{3}}{4}\\ -\frac{3}{8} & \frac{\sqrt{3}}{8} & -\frac{\sqrt{3}}{4} & \frac{1}{4}\end{bmatrix}\begin{bmatrix}(x^2-y^2)(xz)\\(x^2-y^2)(yz)\\(xy)(xz)\\(xy)(yz)\end{bmatrix}\qquad \chi=1$$

$\hat{\sigma}_v$ 操作的矩陣式為:

$$\begin{bmatrix}(x'^2-y'^2)(x'z')\\(x'^2-y'^2)(y'z')\\(x'y')(x'z')\\(x'y')(y'z')\end{bmatrix}=\begin{bmatrix}1 & 0 & 0 & 0\\ 0 & -1 & 0 & 0\\ 0 & 0 & -1 & 0\\ 0 & 0 & 0 & 1\end{bmatrix}\begin{bmatrix}(x^2-y^2)(xz)\\(x^2-y^2)(yz)\\(xy)(xz)\\(xy)(yz)\end{bmatrix}\qquad \chi=0$$

故, $\{(x^2-y^2)xz, (x^2-y^2)yz,\ xyxz,\ xyyz\}$ 基底對應的可約表象為:

C_{3v}	E	C_3	σ_v
Γ	4	1	0
E	2	-1	0
E	2	-1	0

$\Gamma(R)=\chi_E(R)\chi_E(R)$

$\Gamma=E\times E$

[例題]　在 C_{4v} 群中, 計算並化簡直接乘積: $A_1\times B_1$, $A_1\times E$, $A_2\times B_1$, $E\times E$, $A_2\times B_1\times E$

C_{4v}	E	$2C_4$	C_2	$2\sigma_v$	$2\sigma_d$
$A_1\times B_1$	1	-1	1	1	-1
$A_1\times E$	2	0	-2	0	0
$A_2\times B_1$	1	-1	1	-1	1
$E\times E=E^2$	4	0	4	0	0
$A_2\times B_1\times E$	2	0	-2	0	0

$A_1 \times B_2 = B_2$

$A_2 \times E = E$

$A_2 \times B_1 = B_2$

$E \times E = E^2 = A_1 + A_2 + B_1 + B_2$

$A_2 \times B_1 \times E = E$

全對稱表象 (特徵值均為 1) 與其它表象的直接乘積必等於那組表象。

6-4 直接乘積與函數的積分

偶函數 (even function) 與奇函數 (odd function) 的定義為:

$f(-x) = f(x)$;　$f(x)$ 為偶函數;

$f(-x) = -f(x)$;　$f(x)$ 為奇函數

[例題]　試判定簡諧振盪體 (harmonic oscillator) 基態波函數的奇偶性質

簡諧振盪體基態波函數為:

$$\psi_0(x) = \left(\frac{\alpha}{\pi}\right)^{1/4} e^{-\frac{1}{2}\alpha x^2}$$

α 為常數。因 $\psi(-x) = \psi(x)$, 故 $\psi(x)$ 為偶函數。

奇函數與偶函數的組合;

偶函數 × 偶函數 = 偶函數;

奇函數 × 偶函數 = 奇函數;

奇函數 × 奇函數 = 偶函數

奇函數對整個區間範圍的積分必等於零。

$$\int_{-\infty}^{\infty} f(x)dx = \int_{-\infty}^{0} f(x)dx + \int_{0}^{\infty} f(x)dx = \int_{0}^{\infty} f(-x)dx + \int_{0}^{\infty} f(x)dx$$

$$= -\int_{0}^{\infty} f(x)dx + \int_{0}^{\infty} f(x)dx = 0$$

以繪圖方式表示奇函數與偶函數的積分:

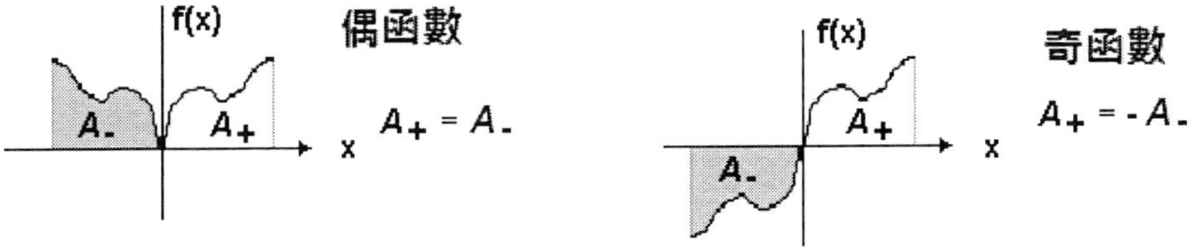

圖 6-4　繪圖方式表示奇函數與偶函數的積分

函數的積分為其曲線下的面積和。對偶函數而言，當 $x \geq 0$ 與 $x < 0$ 兩區間內的面積等值等號，故積分值不為零。對奇函數而言，當 $x \geq 0$ 其曲線下的面積與 $x < 0$ 其曲線下的面積等值但互為負號，故二者相消，積分值為零。

由特徵表的全對稱表象維度為 1，其特徵值均為 1。表示，全對稱表象的基底經任何的對稱操作皆等於自己。例如 C_{2v} 中全對稱表象的基底函數 z^2:

C_{2v}	E	C_2	$\sigma_v(xz)$	$\sigma_v(yz)$		
A_1	1	1	1	1	z	x^2,y^2,z^2

$\hat{E}(z^2) = z^2$，$\hat{C}_2(z^2) = z^2$，$\hat{\sigma}_v(xz)(z^2) = z^2$，$\hat{\sigma}_v(yz)(z^2) = z^2$

全對稱表象的基底函數可視為在任何方向都是偶函數的函數，因此其積分不等於零。

除了全對稱表象，其餘表象的特徵值均出現負值，表示其基底函數在某個方向為奇函數，對整個區間的積分值為零。

[例題]　在 C_{2v} 中，找出函數 xy 的積分質值。xy 的對稱性為 A_2:

$\hat{E}(xy) = xy$，$\hat{C}_2(xy) = xy$，$\hat{\sigma}_v(xz)(xy) = -xy$，$\hat{\sigma}_v(yz)(xy) = -xy$

此函數對 xz 及 yz 平面的反射均為負值，這代表由這個對稱操作的角度觀察此函數為奇函數。故函數 xy 對區間的積分值為零。

$$\int xy d\tau = \int_{-\infty}^{\infty} x dx \int_{-\infty}^{\infty} y dy = 0$$

量子力學中, 常需要計算兩個函數相乘的積分,

$$\int f_A \cdot f_B d\tau$$

$d\tau$ 為積分元素。若在對稱群中, 函數 f 與 g 的對稱性為 A 與 B, 則 $f_A f_B$ 為直接乘積 $A\times B$ 的基底。因此, 只有當直接乘積 $A\times B$ 包含全對稱表象時, 此積分值方不為零。 而 $A\times B$ 包含全對稱表象的條件為 A 與 B 屬於相同的最簡表象。

[例題] 試驗証 C_{4v} 的各直間接乘積, 只有當兩最簡表象對稱性相同時, 才包含全對稱表象

$A_1\times B_2 = B_2$ $A_2\times E = E$ $E\times E = A_1 + A_2 + B_1 + B_2$ $B_2\times B_2 = E, \ldots$

因此,只有當兩最簡表象對稱性相同時, 才包含全對稱表象 A_1.

積分 $\int f_A \cdot f_B d\tau \neq 0$ 的條件為 f_A 與 f_B 屬於相同的最簡表象

此原則可延伸為判別三個函數 f_A, f_B, f_C 乘積的積分:

$$\int f_A f_B f_C d\tau$$

若函數 f_A, f_B 與 f_C 的對稱性分別為: A, B 與 C, 則積分不為零的條件為:

$C = A\times B$, or $A = B\times C$, or $B = A\times C$

此積分規則可應用於判別量子力學中如下列形式的積分:

$$\int f \cdot \hat{A} g d\tau$$

式中,f 與 g 為函數, $\hat{A}$ 為量子力學的運算子。當討論對稱性時, 運算子的對稱性視同函數的對稱性。:

$\frac{d}{dx}$ 的對稱性與 x 相同; $\frac{d^2}{dx^2}$ 的對稱性與 x^2 相同; ....

量子力學的漢彌爾頓運算子含有動能與位能兩部份。分子中的粒子為原子核或電子。依定義, 若對稱操作為將分子中等價的粒子互換, 而且操作前後分子在物理上不可分辨, 則漢彌爾頓運算子必與操作前相同。

漢彌爾頓運算子的對稱性必為全對稱

[例題] H_2 分子的構形如下, A 與 B 為等價的 H 原子, 試定出漢彌爾頓運算子的對稱性

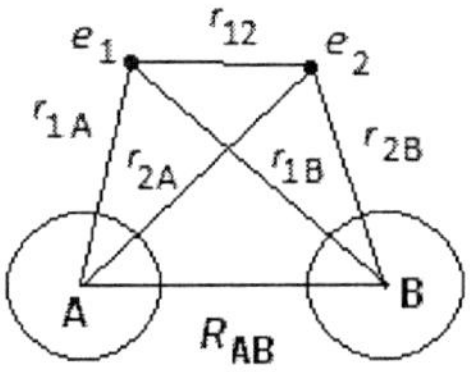

圖 6-5 H_2 分子

H_2 分子的漢彌爾頓運算子為:

$$\hat{H} = -\frac{\hbar^2}{2m_e}\nabla_1{}^2 - \frac{\hbar^2}{2m_e}\nabla_2{}^2 - \frac{e^2}{4\pi\varepsilon_0 r_{1A}} - \frac{e^2}{4\pi\varepsilon_0 r_{1B}} - \frac{e^2}{4\pi\varepsilon_0 r_{2A}} - \frac{e^2}{4\pi\varepsilon_0 r_{2B}} + \frac{e^2}{4\pi\varepsilon_0 r_{12}} + \frac{e^2}{4\pi\varepsilon_0 R_{AB}}$$

$$\nabla_1{}^2 = \left(\frac{\partial^2}{\partial x_1{}^2} + \frac{\partial^2}{\partial y_1{}^2} + \frac{\partial^2}{\partial z_1{}^2}\right), \qquad \nabla_2{}^2 = \left(\frac{\partial^2}{\partial x_2{}^2} + \frac{\partial^2}{\partial y_2{}^2} + \frac{\partial^2}{\partial z_2{}^2}\right)$$

若任何對稱操作將 A 與 B 互換，且操作前後分子在物理上不可分辨，則操作後漢彌爾頓運算子為:

$$\hat{H} = -\frac{\hbar^2}{2m_e}\nabla_1{}^2 - \frac{\hbar^2}{2m_e}\nabla_2{}^2 - \frac{e^2}{4\pi\varepsilon_0 r_{1B}} - \frac{e^2}{4\pi\varepsilon_0 r_{1A}} - \frac{e^2}{4\pi\varepsilon_0 r_{2B}} - \frac{e^2}{4\pi\varepsilon_0 r_{2A}} + \frac{e^2}{4\pi\varepsilon_0 r_{12}} + \frac{e^2}{4\pi\varepsilon_0 R_{BA}}$$

操作後的漢彌爾頓運算子與操作前的漢彌爾頓運算子相同，因此可知漢彌爾頓運算子的對稱性必為全對稱。

若漢彌爾頓運算子作用於函數 f，則 $\hat{H}f$ 的對稱性為全對稱表象與函數 f 對稱表像的直接乘積。因全對稱表象的特徵值均為 1，故直接乘積的對稱性與 f 的對稱性相同。

考慮如下的量子力學常見的積分:

$$\int f_A \hat{H} f_B d\tau$$

因 $\hat{H}f_B$ 的對稱性於 f_B 相同，故積分 $\int f_A \hat{H} f_B d\tau$ 不為零的條件為: f_A 與 f_B 的對稱性相同。

第七章　　AB_n 形分子的鍵結

7-1 AB_n形分子的 σ 鍵結

AB_n 形分子由中心的 A 原子與週邊的 n 個 B 原子形成鍵結所構成。例如下圖的中正四面體形分子 AB_4。此類分子 (如甲烷 CH_4)　的對稱群為 T_d 。 B 與 A 形成 4 根相等的 σ 鍵:

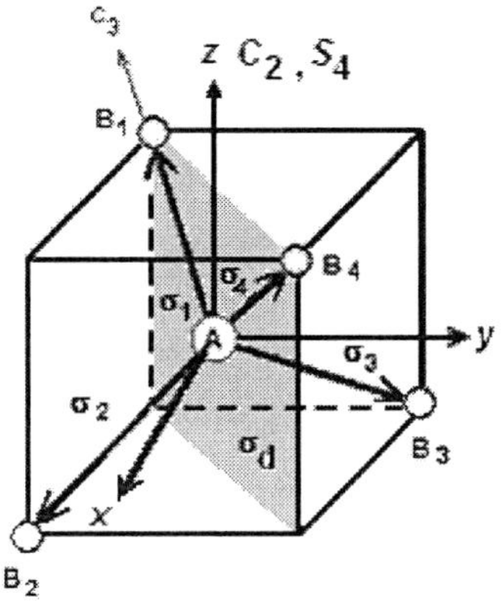

圖 7-1 T_d 形分子 AB_4 中的 σ 鍵

以此 σ 鍵為基底, $\bar{\sigma}=(\sigma_1, \sigma_2, \sigma_3, \sigma_4)$, 在 T_d 中, 其對應的對稱操作矩陣為:

$$\begin{matrix} E & 8C_3 & 3C_2 & 6S_4 & 6\sigma_d & \\ \begin{bmatrix}1&0&0&0\\0&1&0&0\\0&0&1&0\\0&0&0&1\end{bmatrix} & \begin{bmatrix}1&0&0&0\\0&0&1&0\\0&0&0&1\\0&1&0&0\end{bmatrix} & \begin{bmatrix}0&0&0&1\\0&0&1&0\\0&1&0&0\\1&0&0&0\end{bmatrix} & \begin{bmatrix}0&1&0&0\\0&0&0&1\\1&0&0&0\\0&0&1&0\end{bmatrix} & \begin{bmatrix}1&0&0&0\\0&0&1&0\\0&1&0&0\\0&0&0&1\end{bmatrix} & \begin{bmatrix}\sigma_1\\\sigma_2\\\sigma_3\\\sigma_4\end{bmatrix}\end{matrix}$$

T_d	E	$8C_3$	$3C_2$	$6S_4$	$6\sigma_d$		
A_g	1	1	1	1	1		$x^2+y^2+z^2$
A_2	1	1	1	-1	-1		
E	2	-1	2	0	0		$(2z^2-x^2-y^2, x^2-y^2)$
T_1	3	0	-1	1	-1	(R_x,R_y,R_z)	
T_2	3	0	-1	-1	1	(x,y,z)	(xz,yz,xy)
Γ	4	1	0	0	2		

$\Gamma = A_1 + T_2$

與其對應的函數為:

A_1: $x^2 + y^2 + z^2$
T_2: (x, y, z)
(xy, xz, yz)

可知形成 σ 鍵結的軌域為:

對稱性	A_1	T_2
原子軌域	s	(p_x, p_y, p_z) (d_{xy}, d_{xz}, d_{yz})

結果顯示, 中心的 A 原子以一個 s 與三個 p, 或者, 以一個 s 與三個 d, 與週邊的 B 原子形成 4 個相等的 σ 鍵。A 原子可能的混成軌域 (hybridized orbital) 為 sp^3 或 sd^3。

雖然由對稱性並無法決定到底是那一種的混成軌域, 但往往可以由實際的分子判定。例如, CH_4 分子, 因中心碳原子的價電子在正常狀況下分佈於 $2s$, $2p$ 軌域, 若將電子提升至 $3d$ 軌域約需 230 仟卡/莫耳的能量, 故一般條件下 CH_4 分子中碳原子應以 sp^3 混成軌域的型態形成鍵結。再如 MnO_4^-, MnO_4^{2-}, CrO_4^{2-} 等離子, 均為正四面體結構, 其中心原子為過渡金屬原子, 價電子所分佈的最低能量軌域為 $3d$, 因此這些離子化合物的中心原子可能以 sd^3 混成軌域形成 σ 鍵結。一般的條件下, $4p$ 原子軌域的能量高於 $3d$ 軌域, 若二者能量相差很小(如較重的金屬原子), 則 sp^3 與 sd^3 的混成形態均有可能, 須由其它證據決定。

利用投影運算子, 可找出 sp^3 的混成軌域為:

$$\Phi_1 = \tfrac{1}{2}(s + p_x + p_y + p_z) \qquad A_1$$

$$\left.\begin{aligned} \Phi_2 &= \tfrac{1}{2}(s + p_x - p_y + p_z) \\ \Phi_3 &= \tfrac{1}{2}(s - p_x + p_y - p_z) \\ \Phi_4 &= \tfrac{1}{2}(s - p_x - p_y + p_z) \end{aligned}\right\} \quad T_2$$

[例題]　試找出平面 PCl_3 分子中心 P 原子形成 σ 鍵結的混成軌域.

PCl_3 的對稱群為 D_{3h}

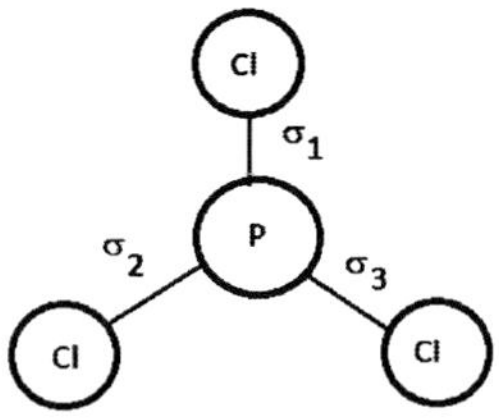

圖 7-2　平面 PCl_3 分子

D_{3h}	E	$2C_3$	$3C_2$	σ_h	$2S_3$	$3\sigma_v$
Γ	3	0	1	3	0	1

$\Gamma = A_1' + E'$

對稱性	A_1'	E'
原子軌域	s	(p_x, p_y)
	d_{z^2}	$(d_{x^2-y^2}, d_{xy})$

可能的混成軌域為: sp^2, sd^2, dp^2, d^3

利用投影運算子, 可找出 σ 鍵結的 SALC。可利用純旋轉群 C_3 簡化問題:

C_3	E	C_3	C_3^2		$\varepsilon=\exp(2\pi i/3)$
A	1	1	1	z, R_z	x^2+y^2, z^2
E	$\begin{cases}1 \\ 1\end{cases}$	$\begin{matrix}\varepsilon \\ \varepsilon^*\end{matrix}$	$\begin{rcases}\varepsilon^* \\ \varepsilon\end{rcases}$	(x,y); (R_x,R_y)	(x^2-y^2, xy); (xz, yz)

$$\hat{p}^{A}\sigma_1 \sim \hat{E}\sigma_1 + \hat{C}_3\sigma_1 + \hat{C}_3^{\,2}\sigma_1 = \sigma_1 + \sigma_2 + \sigma_3$$

$$\hat{p}^{E_a}\sigma_1 \sim \hat{E}\sigma_1 + \varepsilon\cdot\hat{C}_3\sigma_1 + \varepsilon^*\cdot\hat{C}_3^{\,2}\sigma_1 = \sigma_1 + \varepsilon\sigma_2 + \varepsilon^*\sigma_3 \qquad (1)$$

$$\hat{p}^{E_b}\sigma_1 \sim \hat{E}\sigma_1 + \varepsilon^*\cdot\hat{C}_3\sigma_1 + \varepsilon\cdot\hat{C}_3^{\,2}\sigma_1 = \sigma_1 + \varepsilon^*\sigma_2 + \varepsilon\sigma_3 \qquad (2)$$

(1) + (2) $\rightarrow$ $2\sigma_1 - \sigma_2 - \sigma_3$

(1) - (2) $\rightarrow$ $\sigma_2 - \sigma_3$

A: $\dfrac{1}{\sqrt{3}}(\sigma_1 + \sigma_2 + \sigma_3)$

$$E: \quad \left.\begin{matrix} \frac{1}{\sqrt{6}}(2\sigma_1 - \sigma_2 - \sigma_3) \\ \frac{1}{\sqrt{2}}(\sigma_2 - \sigma_3) \end{matrix}\right\}$$

[例題]　試找出正八面體形分子 AB_6 (SF_6, PF_6^-, $Fe(CN)_6^{-3}$) 的中心原子 A 形成 σ 鍵結的混成軌域

AB_6 的對稱群為 O_h。

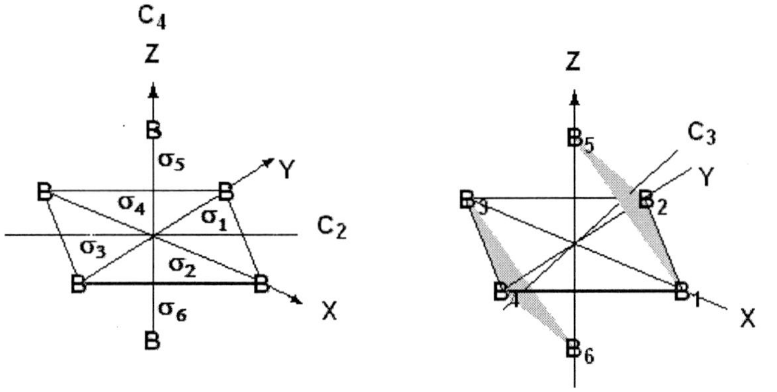

圖 7-3 正八面體形 AB_6 分子

以 σ 鍵為基底的可約表象為:

O_h	E	$8C_3$	$6C_2$	$6C_4$	$3C_2(=C_4^2)$	i	$6S_4$	$8S_6$	$3\sigma_h$	$6\sigma_d$
Γ	6	0	0	2	2	0	0	0	4	2

$\Gamma = A_{1g} + E_g + T_{1u}$,

由 O_h 特徵表, 可得:

對稱性	A_{1g} '	E_g	T_{1u}
原子軌域	s	$(d_{z^2}, d_{x^2-y^2})$	(p_x, p_y, p_z)

可能的混成軌域形式為: d^2sp^3。

利用投影運算子, 可找出 σ 鍵結的 SALC:

$$A_{1g}: \quad \frac{1}{\sqrt{6}}(\sigma_1 + \sigma_2 + \sigma_3 + \sigma_4 + \sigma_5 + \sigma_6)$$

$$E_g: \quad \left.\begin{matrix} \frac{1}{\sqrt{12}}(2\sigma_5 + 2\sigma_6 - \sigma_1 - \sigma_2 - \sigma_3 - \sigma_4) \\ \frac{1}{2}(\sigma_1 - \sigma_2 + \sigma_3 - \sigma_4) \end{matrix}\right\}$$

$$T_{1u}: \quad \left.\begin{matrix} \frac{1}{2}(\sigma_5 - \sigma_6) \\ \frac{1}{2}(\sigma_1 - \sigma_3) \\ \frac{1}{2}(\sigma_2 - \sigma_4) \end{matrix}\right\}$$

對應的分子軌域能量圖為:

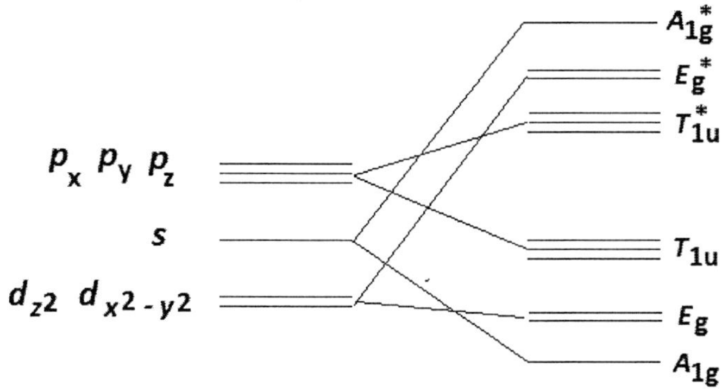

圖 7-4　AB_6 分子的分子軌域圖

[例題]　試找出雙三角錐 (trigonal-bypyramid) 分子 AB_5 (如 PF_5) 中心原子 A 形成 σ 鍵結的混成軌域

AB_5 分子的對稱群為 D_{3h}

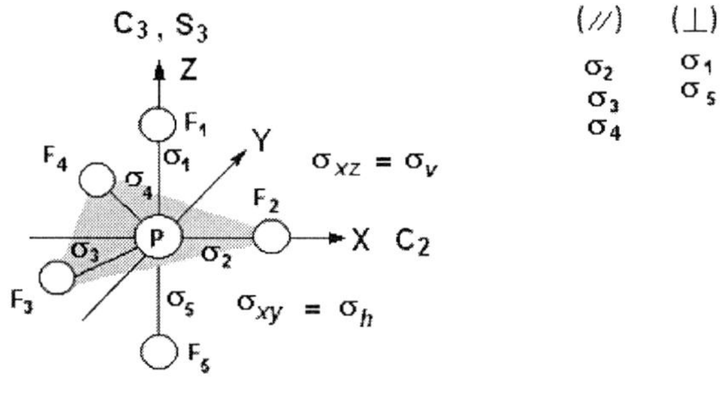

圖 7-5 AB_5 (PF_5) 雙三角錐分子

以 σ 鍵 $(\sigma_1, \sigma_2, \sigma_3, \sigma_4, \sigma_5)$ 為基底的可約表象為:

D_{3h}	E	$2C_3$	$3C_2$	σ_h	$2S_3$	$3\sigma_v$
Γ	5	2	1	3	0	3

$\Gamma = 2A_1' + A_2'' + E'$

由 D_{3h} 特徵表，得對應的原子軌域為:

對稱性	A_1'	A_2''	E'
原子軌域	s	p_z	(p_x, p_y)
	d_{z^2}		$(d_{xy}, d_{x^2-y^2})$

可能的混成形式為：$\{ s, d_{z^2}, p_z, p_x, p_y \}$ or $\{ s, d_{z^2}, p_z, d_{xy}, d_{x^2-y^2} \}$。對 PF_5 分子的 P 原子而言，第一種混成形式，dsp^3 較為可能。但如 $MoCl_5$ 分子中的 Mo 原子，其 $4d$ 與 $5p$ 軌域能量相近，則兩種混成形式均為可能，後者的混成形式稱為 d^3sp。

雙三角錐 AB_5 分子中的 5 個 σ 鍵並不完全等價。可將其分為：在所標示平面的 σ 鍵 (//: $\sigma_2, \sigma_3, \sigma_4$) 與垂直此平面的 σ 鍵(⊥: σ_1, σ_5)。這兩類原子彼此無法由群的對稱運作互相轉換。以此兩類 σ 鍵為基底，得可約表象為

D_{3h}	E	$2C_3$	$3C_2$	σ_h	$2S_3$	$3\sigma_v$
$\Gamma_{//}$	3	0	1	3	0	1
$\Gamma_{\perp}$	2	2	0	0	0	2

分別將兩組可約表象化簡，得:

$\Gamma_{//} = A_1' + E'$

$\Gamma_{-} = A_1' + A_2''$

在平行 (//) 方向，以投影運算子作用於 σ_1，得對稱性為 A_1' 的 SALC 為:

$$\psi(A_1') = \frac{1}{\sqrt{3}}(\sigma_2 + \sigma_3 + \sigma_4)$$

利用 D_{3h} 的子群 C_3 及投影運算子 E_a 與 E_b 可得對稱性為 E 的 SALC:

$$\psi(E_a') = \frac{1}{\sqrt{6}}(2\sigma_2 - \sigma_3 - \sigma_4)$$

$$\psi(E_b') = \frac{1}{\sqrt{2}}(\sigma_3 - \sigma_4)$$

在軸方向 (⊥) 的 SALC 可利用投影運算子, 得:

$$\psi(A_1') = \frac{1}{\sqrt{2}}(\sigma_1 + \sigma_5)$$

$$\psi(A_2'') = \frac{1}{\sqrt{2}}(\sigma_1 - \sigma_5)$$

下圖顯示 A 原子的軌域與 B 原子所形成各 SALC 重疊的情形

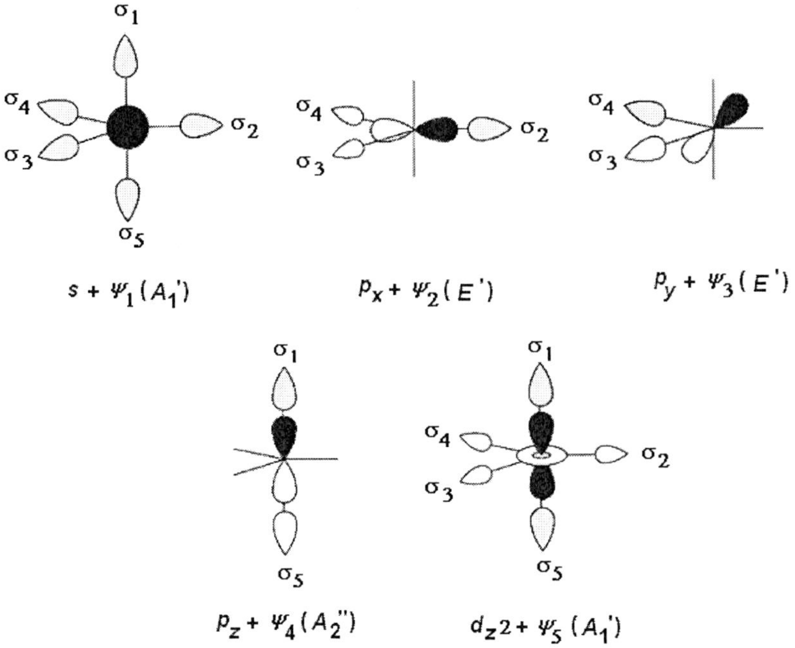

圖 7-6 AB_5 分子 A 原子的軌域與各 SALC 重疊的圖形

[例題]　試找出平面四邊形 AB_4 分子 (如 $AuCl_4^-$, XeF_4, $Ni(CN)_4^{-2}$) 中心原子 A 形成 σ 鍵結的混成軌域

平面正方形 AB_4 分子屬 D_{4h} 群。

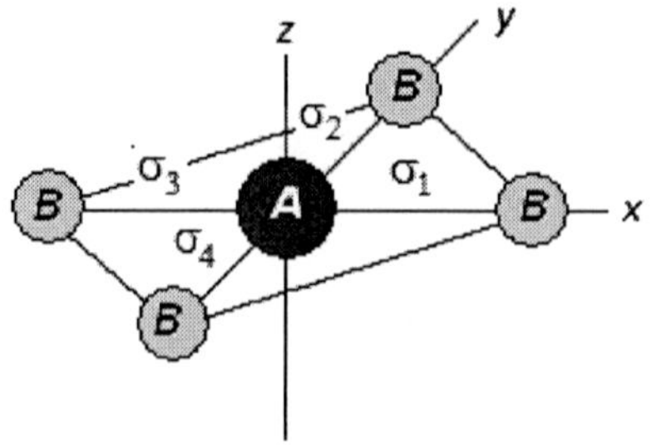

圖 7-7　平面四邊形 AB_4 分子

以 σ 軌域為基底, 在 D_{4h} 群中得可約表象為:

D_{4h}	E	$2C_4$	C_2	$2C_2'$	$2C_2''$	i	$2S_4$	σ_h	$2\sigma_v$	$2\sigma_d$
Γ	4	0	0	2	0	0	0	4	2	0

$\Gamma = A_{1g} + B_{1g} + E_u$

對稱性	A_{1g}	B_{1g}	E_u'
原子軌域	s	$d_{x^2-y^2}$	(p_x, p_y)
	d_{z^2}		

可能的混成形式為: $(s, d_{x^2-y^2}, p_x, p_y) \rightarrow dsp^2$, 或 $(d_{z^2}, d_{x^2-y}, p_x, p_y) \rightarrow d^2p^2$。

在純旋轉群 C_4 中, 利用頭影運算子 A, B 與 E, 找出對應的 SALC 為:

C_4	E	C_4	C_2	C_4^3
A	1	1	1	1
B	1	-1	1	-1
E	1	i	-1	$-i$
	1	$-i$	-1	i

A: $\frac{1}{2}(\sigma_1 + \sigma_2 + \sigma_3 + \sigma_4)$

B: $\frac{1}{2}(\sigma_1 - \sigma_2 + \sigma_3 - \sigma_4)$

$$E:\quad \begin{cases} \dfrac{1}{\sqrt{2}}(\sigma_1-\sigma_3) \\ \dfrac{1}{\sqrt{2}}(\sigma_2-\sigma_4) \end{cases}$$

7-2 AB_n 中 σ 軌域的波函數

σ 軌域的波函數由原子軌域組合而成。

以正四面體形分子 AB_4 為例: 分子的對稱群為 T_d, 可能的混成形式為 sp^3 :

s 軌域與 3 個 p 軌域組成 4 個等價的 σ 軌域, 寫成:

$$\begin{bmatrix} \sigma_1=\Phi_1 \\ \sigma_2=\Phi_2 \\ \sigma_3=\Phi_3 \\ \sigma_4=\Phi_4 \end{bmatrix} = \begin{bmatrix} d_{11} & d_{12} & d_{13} & d_{14} \\ d_{21} & d_{22} & d_{23} & d_{24} \\ d_{31} & d_{32} & d_{33} & d_{34} \\ d_{41} & d_{42} & d_{43} & d_{44} \end{bmatrix} \begin{bmatrix} s \\ p_x \\ p_y \\ p_z \end{bmatrix}$$

上式寫成矩陣方程式:

$$\begin{bmatrix} \sigma_1=\Phi_1 \\ \sigma_2=\Phi_2 \\ \sigma_3=\Phi_3 \\ \sigma_4=\Phi_4 \end{bmatrix} = \widetilde{D} \begin{bmatrix} s \\ p_x \\ p_y \\ p_z \end{bmatrix}$$

兩邊同乘以 $\widetilde{D}$ 的反矩陣 $\widetilde{D}^{-1}$ 得:

$$\begin{bmatrix} s \\ p_x \\ p_y \\ p_z \end{bmatrix} = \widetilde{D}^{-1} \begin{bmatrix} \sigma_1=\Phi_1 \\ \sigma_2=\Phi_2 \\ \sigma_3=\Phi_3 \\ \sigma_4=\Phi_4 \end{bmatrix}$$

$\widetilde{D}^{-1}$ 為 σ 鍵形成的 SALC 的組合係數

[例題] 試找出 CH_4 中, σ 鍵形成的混成軌域

CH_4 中 σ 鍵形成的 SALC 為:

$$A:\quad s \quad \frac{1}{2}(\sigma_1+\sigma_2+\sigma_3+\sigma_4)$$

$$T_2:\quad \begin{array}{ll} p_x & \frac{1}{2}(\sigma_1-\sigma_2+\sigma_3-\sigma_4) \\ p_y & \frac{1}{2}(\sigma_1+\sigma_2-\sigma_3-\sigma_4) \\ p_z & \frac{1}{2}(\sigma_1-\sigma_2-\sigma_3+\sigma_4) \end{array}$$

$$\begin{bmatrix} s \\ p_x \\ p_y \\ p_z \end{bmatrix} = \begin{bmatrix} 1/2 & 1/2 & 1/2 & 1/2 \\ 1/2 & -1/2 & 1/2 & -1/2 \\ 1/2 & 1/2 & -1/2 & -1/2 \\ 1/2 & -1/2 & -1/2 & 1/2 \end{bmatrix} \begin{bmatrix} \sigma_1 \\ \sigma_2 \\ \sigma_3 \\ \sigma_4 \end{bmatrix} \qquad \begin{bmatrix} s \\ p_x \\ p_y \\ p_z \end{bmatrix} = \widetilde{D}^{-1} \begin{bmatrix} \sigma_1 \\ \sigma_2 \\ \sigma_3 \\ \sigma_4 \end{bmatrix}$$

$\widetilde{D}$ 可証明為正交矩陣 (orthogonal matrix), 即其轉置矩陣 $\widetilde{D}'$ (transpose of $\widetilde{D}$) 等於反矩陣 $\widetilde{D}' = \widetilde{D}^{-1}$, 故得:

$$\begin{bmatrix} \sigma_1 = \Phi_1 \\ \sigma_2 = \Phi_2 \\ \sigma_3 = \Phi_3 \\ \sigma_4 = \Phi_4 \end{bmatrix} = \begin{bmatrix} 1/2 & 1/2 & 1/2 & 1/2 \\ 1/2 & -1/2 & 1/2 & -1/2 \\ 1/2 & 1/2 & -1/2 & -1/2 \\ 1/2 & -1/2 & -1/2 & 1/2 \end{bmatrix} \begin{bmatrix} s \\ p_x \\ p_y \\ p_z \end{bmatrix}$$

$$\sigma_1 = \Phi_1 = \frac{1}{2}s + \frac{1}{2}p_x + \frac{1}{2}p_y + \frac{1}{2}p_z$$

$$\sigma_2 = \Phi_2 = \frac{1}{2}s - \frac{1}{2}p_x + \frac{1}{2}p_y - \frac{1}{2}p_z$$

$$\sigma_3 = \Phi_3 = \frac{1}{2}s + \frac{1}{2}p_x - \frac{1}{2}p_y - \frac{1}{2}p_z$$

$$\sigma_4 = \Phi_4 = \frac{1}{2}s - \frac{1}{2}p_x - \frac{1}{2}p_y + \frac{1}{2}p_z$$

7-3 AB_n 分子中的 π 鍵

AB_n 中, A 與 B 原子除了形成 σ 鍵外, 亦可能形成 π 鍵。典型的 π 鍵如下圖示:

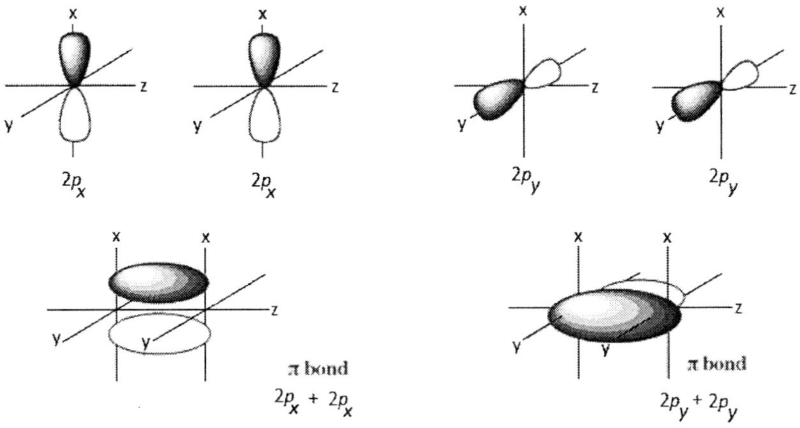

圖 7-8　典型的 π 鍵

圖中顯示 π 鍵方向與 σ 鍵方向互相垂直。因此, 在 AB_n 中, 以每個 B 原子上兩個垂直於 A-B 方向的單位向量表示 π 鍵。

[例題]　試找出正四面體形 AB_4 分子中 π 鍵的混成形式

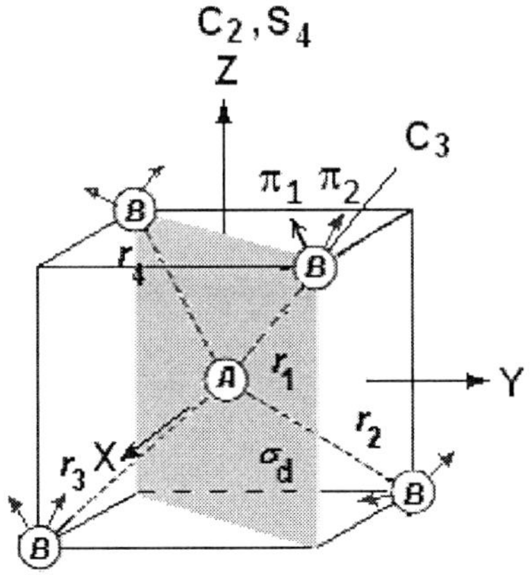

圖 7-9　四面體形 AB_4 分子中 π 鍵向量

圖中: r_1, r_2, r_3, r_4 為 σ 鍵的方向。在 T_d 群中將對稱操作作用於以 π 鍵為基底向量, 求得對應的可約表象。例如, C_3 旋轉操作作用於基底得:

$$\hat{C}_3\bar{\pi} = \begin{bmatrix} -\frac{1}{2} & -\frac{\sqrt{3}}{2} & \cdots & 0 \\ \frac{\sqrt{3}}{2} & -\frac{1}{2} & \cdots & 0 \\ \cdots & \cdots & \cdots & \cdots \\ 0 & 0 & 0 & 0 \end{bmatrix} \begin{bmatrix} \pi_1 \\ \pi_2 \\ \vdots \\ \pi_8 \end{bmatrix}$$

此 $\hat{C}_3$ 操作矩陣的特徵值為 -1。

π 基底的可約表象為:

T_d	E	$8C_3$	$3C_2$	$6S_4$	$6\sigma_d$
Γ	8	-1	0	0	0

$\Gamma = E + T_1 + T_2$。

對稱性	E	T_1	T_2
原子軌域	$(d_{x^2-y^2}, d_{z^2})$	無	(p_x, p_y, p_z) (d_{xz}, d_{yz}, d_{xy})

由前面 AB_4 正四面體的 σ 鍵的混成軌域的討論知，A 原子以 sp^3 或 sd^3 形成 σ 鍵結。因此，若 A 原子以 sp^3 形成 σ 鍵結，則以 d^5 形成 8 個 π 鍵結；若 A 原子以 sd^3 形成 σ 鍵結，則以 p^3d^2 形成 π 鍵。若 A 原子以 sp^3 或 sd^3 的混合形式形成 σ 鍵結，則以 d^5 與 p^3d^2 的混合形式形成 π 鍵。

[例題]　試找出正八面體形 AB_6 分子中 π 鍵的混成形式

分子的對稱群為 O_h 。

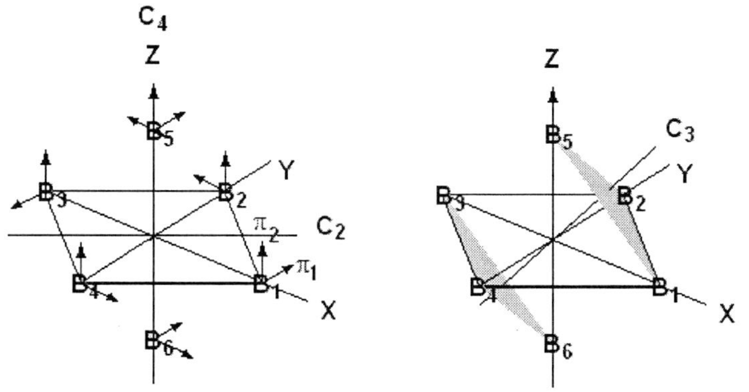

圖 7-10　正八面體形 AB_6 分子中 π 鍵向量

在 O_h 群中將對稱操作作用於以 π 鍵為基底向量, 求得對應的可約表象。例如, C_4 旋轉操作作用於 π 鍵基底, 得:

$$\hat{C}_4\bar{\pi} = \begin{bmatrix} 0 & 1 & \cdots & 0 & 0 \\ -1 & 0 & \cdots & 0 & 0 \\ \cdots & \cdots & \cdots & \cdots & \cdots \\ 0 & 0 & \cdots & 0 & 1 \\ 0 & 0 & \cdots & -1 & 0 \end{bmatrix} \begin{bmatrix} \pi_1 \\ \pi_2 \\ \vdots \\ \pi_{11} \\ \pi_{12} \end{bmatrix}$$

此 $\hat{C}_4$ 操作矩陣的特徵值為 0。

π 基底的可約表象為:

O_h	E	$8C_3$	$6C_2$	$6C_4$	$3C_2(=C_4^2)$	i	$6S_4$	$8S_6$	$3\sigma_h$	$6\sigma_d$
Γ	12	0	0	0	-4	0	0	0	0	0

$\Gamma = T_{1g} + T_{2g} + T_{1u} + T_{2u}$

對稱性	T_{1g}	T_{2g}	T_{1u}	T_{2u}
原子軌域	無	(d_{xy}, d_{xz}, d_{yz})	(p_x, p_y, p_z)	無

由此結果可知, A 原子不可能形成 12 根等價的 π 鍵。因為在前面討論正八面體的 σ 鍵結時得到 A 原子的混成形態為 d^2sp^3, 這表示 3 個 p 軌域已參與 σ 鍵結, 不可能再形成 π 鍵結。因此, A 原子僅存 3 個對稱性為 T_{2g} 的原子軌域可以形成 π 鍵。圖 7-11 顯示 A 原子的 3 個形成 π 鍵的 d 軌域, 並顯示 B 原子用以形成 π 鍵的 p 軌域。由圖可知, 每個 B 原子

均同時與 A 原子的兩個 d 軌域形成 π 鍵, 每一對 A-B 原子佔有一半的 π 鍵。

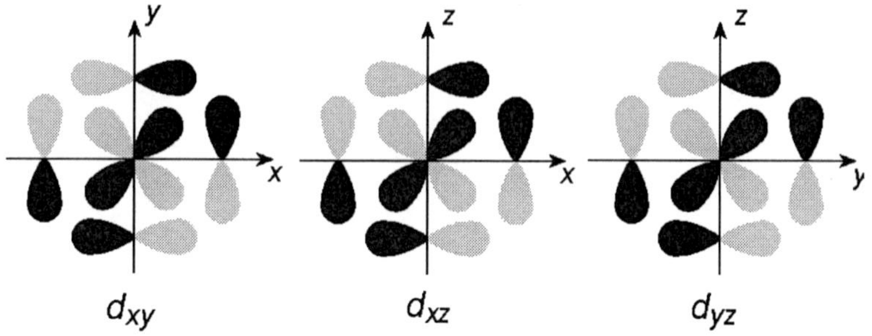

圖 7-11　正八面體 AB_6 分子中的 π 鍵

[例題]　試找出平面 AB_3 (BF_3, NO_3^-) 分子中 π 鍵的混成形式

平面 AB_3 分子的對稱群為 D_{3h}

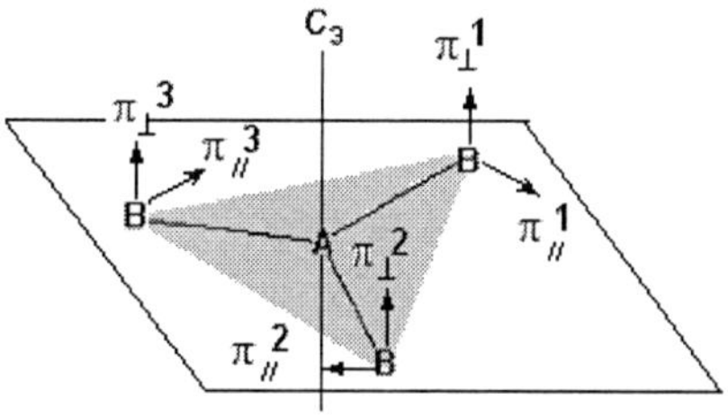

圖 7-12 平面 AB_3 分子中 π 鍵向量

D_{3h}	E	$2C_3$	$3C_2$	σ_h	$2S_3$	$3\sigma_v$
Γ	6	0	-2	0	0	0
$\Gamma(\perp)$	3	0	-1	-3	0	1
$\Gamma(\parallel)$	3	0	-1	3	0	-1

$\Gamma = A_2' + A_2'' + 2E''$

可將 π 鍵分成垂直於分子平面 (⊥), 與平行於分子平面 (∥) 兩類。這是因為對稱運作並不會導致不同類的向量互換。以平行之 π 鍵向量 $\pi_{//}$ 為基底, 得:

$\Gamma = \Gamma(\parallel) + \Gamma(\perp)$

$\Gamma(\parallel) = A_2'' + E''$

$\Gamma(\perp) = A_2' + E''$

對垂直平面的 π 鍵, $\pi(\perp)$:

對稱性	A_2''	E''
原子軌域	p_z	(d_{xz}, d_{yz})

對平行平面的 π 鍵, $\pi(\parallel)$:

對稱性	A_2'	E'
原子軌域	無	(p_x, p_y), $(d_{x^2-y^2}, d_{xy})$

因為無 A_2' 對稱性的原子軌域, 故無法混成為 3 個等價的 $\pi(\parallel)$ 鍵。但此並非表示 π 鍵無法生成, 亦非僅有 2 個 B 原子形成 π 鍵; 其真正的意義為 3 個 B 原子可以共用 2 個 $\pi(\parallel)$ 鍵。 。

[例題] 試找出平面四方形 AB_4 分子中 π 鍵的混成形式

平面四方形 AB_4 分子的對稱群為 D_{4h} 。

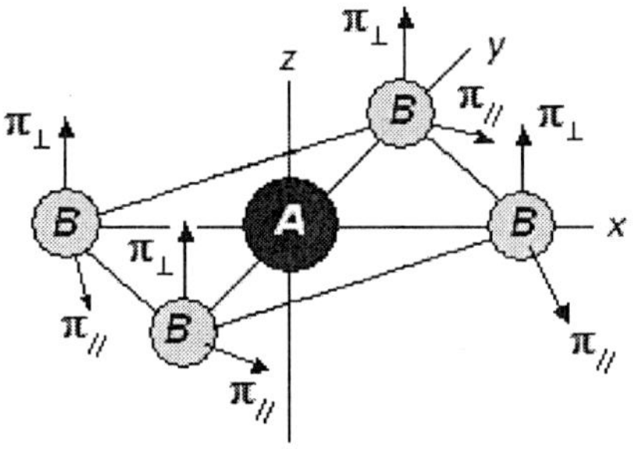

圖 7-13 平面方形分子 AB_4 的 π 鍵向量

與 D_{3h} 相同, 可將代表 π 鍵的向量分成兩類, $\pi(\perp)$ 與 $\pi(\parallel)$。分別以此兩類向量為基底, 得可約表象為:

D_{4h}	E	$2C_4$	C_2	$2C_2$'	$2C_2$''	i	$2S_4$	σ_h	$2\sigma_v$	$2\sigma_d$
$\Gamma(\perp)$	4	0	0	-2	0	0	0	-4	2	0
$\Gamma(\parallel)$	4	0	0	-2	0	0	0	4	-2	0

$\Gamma(\perp) = A_{2u} + B_{2u} + E_g$

$\Gamma(\parallel) = A_{2g} + B_{2g} + E_u$

對稱性	A_{2u}	B_{2u}	E_g	A_{2g}	B_{2g}	E_u
原子軌域	p_z	無	(d_{xz}, d_{yz})	無	d_{xy}	(p_x, p_y)

由前面所討論 AB_4 平面方形分子的 σ 鍵的混成軌域，知 A 原子的 $s, p_x, p_y, d_{x^2-y^2}$ 軌域已參與 σ 鍵的鍵結，不可能再用以形成 π 鍵。故 A 原子以 p_z, d_{xz}, d_{yz} 等軌域混成形成垂直於分子平面的 π 鍵，而只以 d_{xy} 形成平行分子平面的 π 鍵。。

第八章　有機分子的分子軌域

8-1 變分原則

量子力學中的薛丁格方程式為:

$$\hat{H}\psi_n = E_n\psi_n$$

$\hat{H}$: 漢彌爾頓運算子, ψ_n: 波函數 (解薛丁格方程式所得); E_n: 真實的能量

應用量子理論中的變分原則(variation principle), 可求得基態的近似能量及波函數。變分原則為

對任意猜測的函數 ϕ (與真實的波函數 ψ_n 有相同的邊界條件)，其計算的能量 W 恆滿足下列關係:

$$\frac{\int \phi \hat{H} \phi d\tau}{\int \phi\phi d\tau} = W \geq E_0 \qquad (1)$$

W: 變分能量 (variation energy); E_0: 真實的最低能量(true ground state energy); ϕ: 試驗函數 (trial function)

[例題]　試用變分方法計算一度空間盒中($0 \leq x \leq a$)自由運動例子的能量

粒子的漢彌爾頓運算子為:

$$\hat{H} = -\frac{\hbar^2}{2m}\frac{d^2}{dx^2}$$

真實的基態能量為: $E_0 = \dfrac{h^2}{8ma^2} = 0.125\dfrac{h^2}{ma^2}$

波函數 ψ 的邊界條件為： $\psi(x=0) = \psi(x=a) = 0$

滿足上邊界條件, 定試驗函數為: $\phi(x) = x(x-a)$

$$\int_0^a \phi\hat{H}\phi dx = \int_0^a x(x-a)\cdot\left(-\frac{\hbar^2}{2m}\frac{d^2}{dx^2}\right)x(x-a)dx = \frac{\hbar^2 a^3}{6m}$$

$$\int_0^a \phi\phi dx = \int_0^a x(x-a)\cdot x(x-a)dx = \frac{1}{30}a^5$$

$$W = 0.1266\frac{h^2}{ma^2}\text{;}\quad E_0 = 0.125\frac{h^2}{ma^2}$$

$W \geq E_0$， 與真實的基態能量相較, 誤差僅為 0.3% (非常接近真實的基態能量, 是很好的近似方法)

線性變分原則 **(Linear variation principle)**:
將試驗函數表為已知函數的線性組合, (以兩個函數的組合為例):

$$\phi = c_1\phi_1 + c_2\phi_2$$

c_1 與 c_2 為未知的組合係數。將此試驗函數代入 (1) 式,

$$\frac{\int (c_1\phi_1 + c_2\phi_2)H(c_1\phi_1 + c_2\phi_2)d\tau}{\int (c_1\phi_1 + c_2\phi_2)(c_1\phi_1 + c_2\phi_2)d\tau} = W$$

$$c_1^2\int \phi_1 H\phi_1 d\tau + c_2^2\int \phi_2 H\phi_2 d\tau + c_1c_2\int \phi_1 H\phi_2 d\tau + c_1c_2\int \phi_2 H\phi_1 d\tau$$

$$= W(c_1^2\int \phi_1\phi_1 d\tau + c_2^2\int \phi_2\phi_2 d\tau + c_1c_2\int \phi_1\phi_2 d\tau + c_1c_2\int \phi_2\phi_1 d\tau)$$

以簡化的符號表示各積分:

$$H_{ij} = \int \phi_i H\phi_j d\tau = \int \phi_j H\phi_i d\tau = H_{ji}\text{,}\qquad S_{ij} = \int \phi_i\phi_j d\tau = \int \phi_j\phi_i d\tau = S_{ji}$$

上式簡化為:

$$c_1^2 H_{11} + 2c_1c_2H_{12} + c_2^2 H_{22} = W(c_1^2 + c_2^2 + 2c_1c_2S_{12}) \qquad (2)$$

依照變分原則, 調整 c_1, c_2, 使變分能量 W 為極小值, 即最接近真實的基態能量。這相當於求 $W(c_1,c_2)$ 函數的極小值:

$$\left(\frac{\partial W}{\partial c_i}\right) = 0\text{,}\qquad i = 1,2$$

將 (2) 式對 c_1 微分, 並令 $\left(\frac{\partial W}{\partial c_1}\right)=0$, 得

$$2c_1H_{11}+2c_2H_{12}=2Wc_1+2Wc_2S_{12}$$

$$(H_{11}-W)c_1+(H_{12}-WS_{12})c_2=0 \qquad (3)$$

同理將 (2) 式對 c_2 微分, 並令 $\left(\frac{\partial W}{\partial c_2}\right)=0$, 得

$$(H_{21}-WS_{21})c_1+(H_{22}-W)c_2=0 \qquad (4)$$

方程組 (3)(4) 有 c_1 與 c_2 不同時為零的解的條件為:

$$\begin{vmatrix} H_{11}-W & H_{12}-WS_{12} \\ H_{21}-WS_{21} & H_{22}-W \end{vmatrix}=0$$

此行列式稱為 "特徵行列式" (Secular Determinant), 展開為 W 的二次方程式, 解出兩根 W_1, W_2, 且 $W_1 < W_2$ 。

兩個近似的能量值 W_1, W_2 分別對應真正能量 $E_{1,\,\mathrm{true}}$, $E_{2,\,\mathrm{true}}$ 的近似計算值, 且 $W_1 \geq E_{1,\mathrm{true}}$; $W_2 \geq E_{2,\mathrm{true}}$ 。

推廣線性變分原則, 將試驗函數寫為多個已知函數的組合:

$$\phi=\sum_{i=1}^{n}c_i\phi_i$$

對應的特徵方程式為:

$$\begin{vmatrix} H_{11}-WS_{11} & H_{12}-WS_{12} & \cdots & H_{1n}-WS_{1n} \\ H_{21}-WS_{21} & H_{22}-WS_{22} & \cdots & H_{2n}-WS_{2n} \\ \cdots & \cdots & \cdots & \cdots \\ H_{n1}-WS_{n1} & H_{n2}-WS_{n2} & \cdots & H_{nn}-WS_{nn} \end{vmatrix}=0$$

解此方程式, 得 W 的 n 個根: $W_1 \leq W_2 \leq \cdots \leq W_n$ 。與真實的能量相比較:

$W_1 \ge E_1$, $W_2 \ge E_2$, ..., $W_n \ge E_n$。此 n 個 W 為真實能量 $E_1, E_2, \cdots, E_n$ 的近似能量。

8-2 共軛有機分子的Hückel近似法

共軛 (Conjugate) 有機分子為平面分子，具有垂直於分子平面的 $p_\perp$ 軌域，如圖示的苯 (benzene), 1,3 二丁烯(1,3 butadiene) 等:

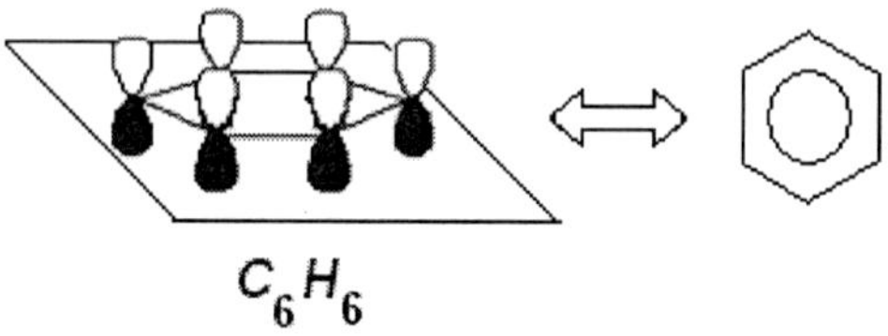

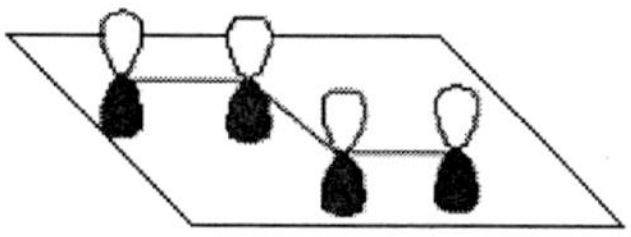

Fig 8-1 苯 與 1,3 二丁烯垂直於分子平面的 $p_\perp$ 軌域

共軛有機分子的 π 軌域可近似為 $p_\perp$ 軌域的線性組合。每一具 軌域的原子提供一個電子以形成分子的 π 鍵結。一般形成 π 分子軌域的能量高於 σ 分子軌域的能量。

將分子的 π 軌域 (MO) 寫成 $p_\perp$ orbital 軌域 (AO) 的線性組合:

$$\psi_\pi = \sum_{i=1}^{n} c_i \phi_i$$

Hückel 提出的近似法則為:

設 ϕ_i 為正交且歸一化的函數:

$$S_{ij} = \int \phi_i \phi_j d\tau = \delta_{ij} \qquad \delta_{ij} = \begin{matrix} 1 & i = j \\ 0 & i \neq j \end{matrix}$$

積分， $H_{ii} = \int \phi_i \hat{H} \phi_i d\tau = \alpha$,

如 i, j **二原子相鄰，** $H_{ij} = \int \phi_i \hat{H} \phi_j d\tau = \beta$ **,如** i, j **二原子不相鄰** $H_{ij} = 0$。

實驗可得 β 值為負值, $|\beta| \sim 15 - 30$ kcal/mol。

依照線性變分原則及 Hückel 的近似法則, 特徵行列式可簡化為:

$$\begin{vmatrix} H_{11}-W & H_{12} & \cdots & H_{1n} \\ H_{21} & H_{22}-W & \cdots & H_{2n} \\ \cdots & \cdots & \cdots & \cdots \\ H_{n1} & H_{n2} & \cdots & H_{nn}-W \end{vmatrix} = 0$$

解此行列式, 可得近似的 π 軌域能量 W 。

[例題] 利用 Hückel 的近似法, 求乙烯分子(Ethylene: $CH_2{=}CH_2$)的 π 軌域能量。

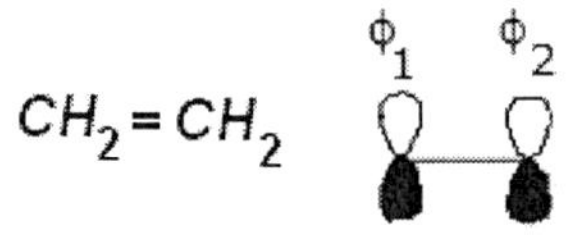

圖 8-2 乙烯分子

特徵行列式為:

$$\begin{vmatrix} H_{11}-W & H_{12} \\ H_{21} & H_{22}-W \end{vmatrix} \Rightarrow \begin{vmatrix} \alpha-W & \beta \\ \beta & \alpha-W \end{vmatrix} = 0, \qquad W = \alpha \pm \beta$$

乙烯分子的 π 軌域能階圖 (Energy diagram) 如下:

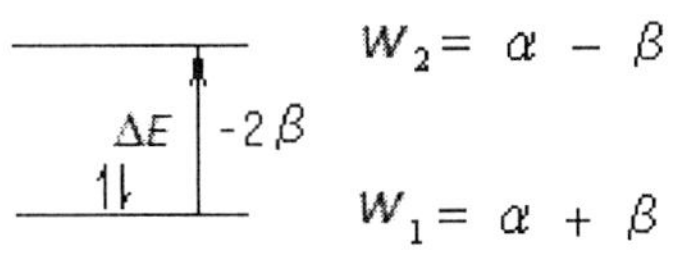

圖 8-3 乙烯分子的 π 軌域能階圖

圖中相反的箭號表示電子相反的自旋方向。

依圖, β 值可由紫外光譜(UV spectrum)測得。

π 電子的總能量為: $E_\pi = 2(\alpha+\beta) = 2\alpha + 2\beta$

若分子中, 兩個 $p_\perp$ 軌域無用, 即無共振 (resonance), $H_{12}=0$, 則兩個 $p_\perp$ 軌域電子的能量為 2α 。因此, 分子的共振能(Resonance energy) 為: $E_{res} = (2\alpha+2\beta) - 2\alpha = 2\beta$

[例題] 利用 Hückel 的近似法, 求 1,3 二丁烯 (1,3 butadiene) 分子的 π 軌域能量

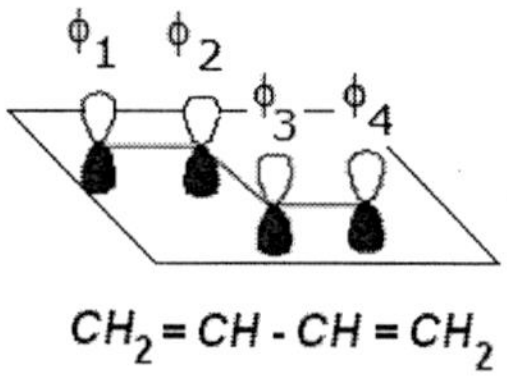

圖 8-4　1,3 二丁烯分子

特徵行列式為: $$\begin{vmatrix} \alpha-W & \beta & 0 & 0 \\ \beta & \alpha-W & \beta & 0 \\ 0 & \beta & \alpha-W & \beta \\ 0 & 0 & \beta & \alpha-W \end{vmatrix} = 0$$

每個行列式元素皆除以 β, 並令 $x = \dfrac{\alpha - W}{\beta}$, 得:

$$\begin{vmatrix} x & 1 & 0 & 0 \\ 1 & x & 1 & 0 \\ 0 & 1 & x & 1 \\ 0 & 0 & 1 & x \end{vmatrix} = 0 \qquad x^4 - 3x^2 + 1 = 0$$

$$x = \pm\frac{\sqrt{5}\pm 1}{2}$$

$$W = \alpha + \frac{\sqrt{5}+1}{2}\beta, \qquad \alpha + \frac{\sqrt{5}-1}{2}\beta, \qquad \alpha - \frac{\sqrt{5}-1}{2}\beta, \qquad \alpha - \frac{\sqrt{5}+1}{2}\beta$$

依此, 得 π 軌域能階圖為:

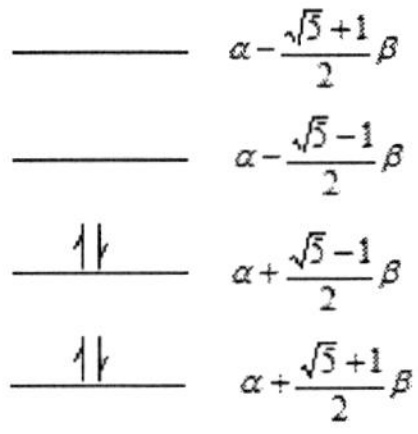

圖 8-5　1,3 二丁烯基態的 π 軌域能階圖

π 電子的總能量為:

$$E_\pi = 2\left(\alpha+\frac{\sqrt{5}+1}{2}\beta\right)+2\left(\alpha+\frac{\sqrt{5}-1}{2}\beta\right)=4\alpha+2\sqrt{5}\beta=4\alpha+4.848\beta$$

兩個孤立的雙鍵 (乙烯)的 π 電子的總能量: $E_\pi = 2(2\alpha+2\beta)=4\alpha+4\beta$

1,3 二丁烯分子的共振能為: $E_{res}=(4\alpha+4.848\beta)-(4\alpha+4\beta)=0.848\beta$
依此, 由於 π 電子的共振能 0.848 β, 故 1,3 二丁烯分子較兩個孤立的雙鍵穩定。

8-3 利用分子對稱求 π 軌域能量:

利用分子對稱與 Hückel 近似法, 可以很簡單的得到分子 π 軌域的能量:

設 ψ_π 為 $p_\perp$ 軌域線性組合的 SALC, 則其能量為: $W=\int \psi\hat{H}\psi d\tau$ 。

[例題]　求環丙烯正離子(Cyclopropene cation, $C_3H_3^+$) 的 π 軌域能量

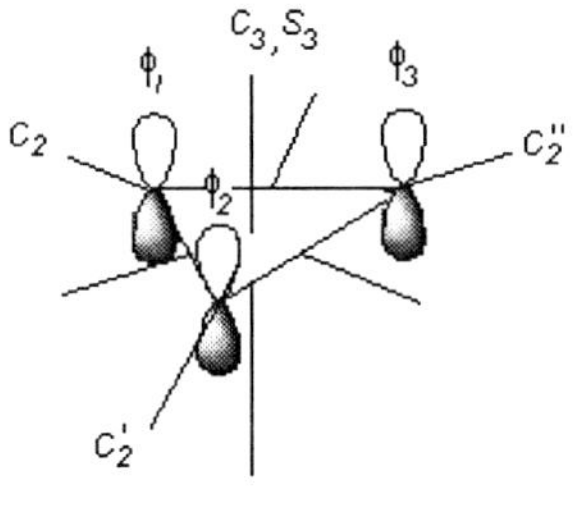

圖 8-6　環丙烯分子

C_3H_3 所屬的對稱群為 D_{3h}，利用純旋轉群 C_3 可建立 $p_\perp$ 組合的 SALC:

$$A: \quad \frac{1}{\sqrt{3}}(\phi_1+\phi_2+\phi_3)$$

$$E: \begin{cases} \dfrac{1}{\sqrt{6}}(2\phi_1-\phi_2-\phi_3) \\ \dfrac{1}{\sqrt{2}}(\phi_2-\phi_3) \end{cases}$$

其對應的能量為:

$$A: \quad \int \frac{1}{\sqrt{3}}(\phi_1+\phi_2+\phi_3)\hat{H}\frac{1}{\sqrt{3}}(\phi_1+\phi_2+\phi_3)d\tau=\alpha+2\beta$$

$$E_b: \int \frac{1}{\sqrt{2}}(\phi_2-\phi_3)\hat{H}\frac{1}{\sqrt{2}}(\phi_2-\phi_3)d\tau=\alpha-\beta=E_a$$

環丙烯正離子的 π 軌域能階圖為:

圖 8-7 環丙烯正離子的 π 軌域能階圖

$$E_\pi=2(\alpha+2\beta)=2\alpha+4\beta$$

孤立的雙鍵的 π 電子能量為: $E_\pi=2(\alpha+\beta)=2\alpha+2\beta$

分子的共振能: $E_{res}=(2\alpha+4\beta)-(2\alpha+2\beta)=2\beta$

實驗上, $C_3H_3^+$ 為非常穩定的離子, 即因為其具有相當大的共振能。

$C_3H_3^-$ 陰離子有 4 個 π 電子, 其 π 軌域能階圖為:

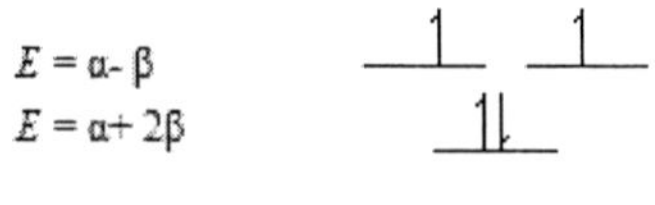

圖 8-8 $C_3H_3^-$ 基態的電子組態

$$E_\pi=2(\alpha+2\beta)+2(\alpha-\beta)=4\alpha+2\beta$$

若無共振, π 電子的能量為一個孤立的雙鍵, 與一個具有 2 個電子的 $p_\perp$ 軌域:

$E_\pi = 2(\alpha+\beta)+2\alpha = 4\alpha+2\beta$

共振能 $=0$.
由此可知 $C_3H_3^-$ 陰離子並非穩定的離子。

[例題] 求環二丁烯(Cyclobutadiene) C_4H_4 的 π 軌域能量

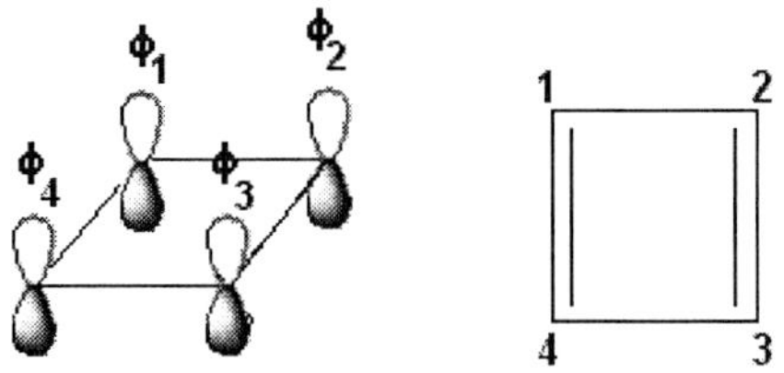

圖 8-9 環二丁烯分子

分子所屬的對稱群為 D_{4h}.
以 4 個 $p_\perp$ 軌域為基底, 得可約表象為:

D_{4h}	E	$2C_4$	C_2	$2C_2'$	$2C_2''$	i	$2S_4$	σ_h	$2\sigma_v$	$2\sigma_d$
Γ	4	0	0	-2	0	0	0	-4	2	0

$\Gamma = A_{2u} + B_{2u} + E_g$

利用 D_{4h} 與純旋轉群 C_4 的相關性, 轉換為 C_4 的最簡表象:

$\Gamma = A + B + E$

C_4	E	C_4	C_2	C_4^3
A	1	1	1	1
B	1	-1	1	-1
E	$\begin{Bmatrix} 1 \\ 1 \end{Bmatrix}$	i $-i$	-1 -1	$-i$ i

運用投影運算子, 找出對應的 SALC:

A: $\hat{p}_A\phi_1 \sim 1\cdot\hat{E}\phi_1 + 1\cdot\hat{C}_4\phi_1 + 1\cdot\hat{C}_2\phi_1 + 1\cdot\hat{C}_4^{\,3}\phi_1 \sim (\phi_1+\phi_2+\phi_3+\phi_4)$

歸一化: $\psi_A = \frac{1}{2}(\phi_1+\phi_2+\phi_3+\phi_4)$

B:　$\hat{p}_A\phi_1 \sim 1\cdot\hat{E}\phi_1 - 1\cdot\hat{C}_4\phi_1 + 1\cdot\hat{C}_2\phi_1 - 1\cdot\hat{C}_4{}^3\phi_1 \sim (\phi_1 - \phi_2 + \phi_3 - \phi_4)$

歸一化: $\psi_A = \frac{1}{2}(\phi_1 - \phi_2 + \phi_3 - \phi_4)$

$E_a : \hat{p}_{E_a}\phi_1 \sim 1\cdot\hat{E}\phi_1 + i\cdot\hat{C}_4\phi_1 - 1\cdot\hat{C}_2\phi_1 - i\cdot\hat{C}_4{}^3\phi_1 \sim (\phi_1 + i\phi_2 - \phi_3 - i\phi_4)$　　(1)

$E_b : \hat{p}_{E_a}\phi_1 \sim 1\cdot\hat{E}\phi_1 - i\cdot\hat{C}_4\phi_1 - 1\cdot\hat{C}_2\phi_1 + i\cdot\hat{C}_4{}^3\phi_1 \sim (\phi_1 - i\phi_2 - \phi_3 + i\phi_4)$　　(2)

(1)+(2)　$E_a{}' \sim (\phi_1 - \phi_3)$　　歸一化　$\psi_{E_a{}'} = \frac{1}{\sqrt{2}}(\phi_1 - \phi_3)$

(1)-(2)　$E_b{}' \sim (\phi_2 - \phi_4)$　　歸一化　$\psi_{E_b{}'} = \frac{1}{\sqrt{2}}(\phi_2 - \phi_4)$

對應的能量為:

A:　$\alpha + 2\beta$

B:　$\alpha - 2\beta$

E:　α

π 軌域能階圖為:

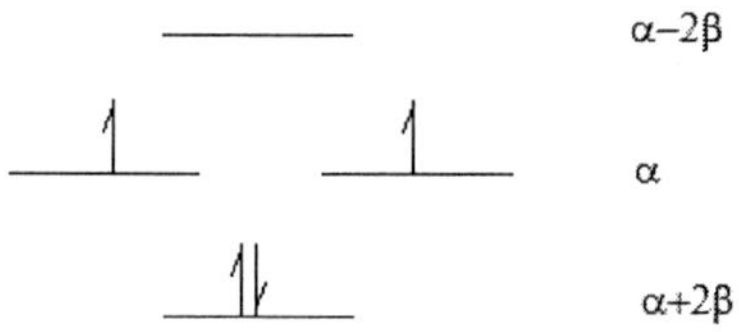

圖 8-10　C_4H_4 分子的 π 軌域能階圖

$E_\pi = 2(\alpha + 2\beta) + 2\alpha = 4\alpha + 4\beta$

二個孤立的雙鍵: $E_\pi = 2(\alpha + \beta) + 2(\alpha + \beta) = 4\alpha + 4\beta$

共振能 $= 0$

可斷定環二丁烯分子不是穩定的分子。

[例題]　求苯 (benzene) 分子 C_6H_6 的 π 軌域能量

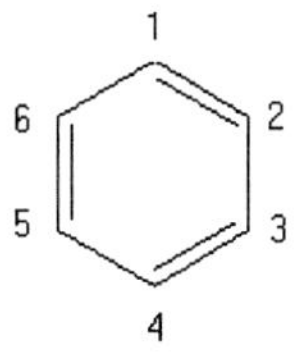

圖 8-11 苯分子

分子屬 D_{6h} 群。以 6 個 $p_{\perp}$ 軌域為基底, 得可約表象為:

D_{6h}	E	$2C_6$	$2C_3$	C_2	$3C_2'$	$3C_2''$	i	$2S_3$	$2S_6$	σ_h	$3\sigma_d$	$3\sigma_v$
Γ	6	0	0	0	-2	0	0	0	0	-6	0	2

$$\Gamma = B_{2g} + E_{1g} + A_{2u} + E_{2u}$$

利用 D_{6h} 與純旋轉群 C_6 的關聯性, 轉換為:

$$\Gamma = A + B + E_1 + E_2$$

C_6	E	C_6	C_3	C_2	C_3^2	C_6^5
A	1	1	1	1	1	1
B	1	-1	1	-1	1	-1
E_1	1	ε	$-\varepsilon^*$	-1	$-\varepsilon$	ε^*
	1	ε^*	$-\varepsilon$	-1	$-\varepsilon^*$	ε
E_2	1	$-\varepsilon^*$	$-\varepsilon$	1	$-\varepsilon^*$	$-\varepsilon$
	1	$-\varepsilon$	$-\varepsilon^*$	1	$-\varepsilon$	$-\varepsilon^*$

運用投影運算子, 並消去虛數項, 得 SALC:

$$A:\ \psi_A = \frac{1}{\sqrt{6}}(\phi_1 + \phi_2 + \phi_3 + \phi_4 + \phi_5 + \phi_6)$$

$$B:\ \psi_B = \frac{1}{\sqrt{6}}(\phi_1 - \phi_2 + \phi_3 - \phi_4 + \phi_5 - \phi_6)$$

$$E_1:\psi_{E_1} = \frac{1}{2\sqrt{3}}(2\phi_1 + \phi_2 - \phi_3 - 2\phi_4 - \phi_5 + \phi_6)$$

$$\psi_{E_1'} = \frac{1}{2}(\phi_2 + \phi_3 - \phi_5 - \phi_6)$$

$$E_2 : \psi_{E_2} = \frac{1}{2\sqrt{3}}(2\phi_1 - \phi_2 - \phi_3 + 2\phi_4 - \phi_5 - \phi_6)$$

$$\psi_{E_2'} = \frac{1}{2}(-\phi_2 + \phi_3 - \phi_5 + \phi_6)$$

π 軌域能階圖為:

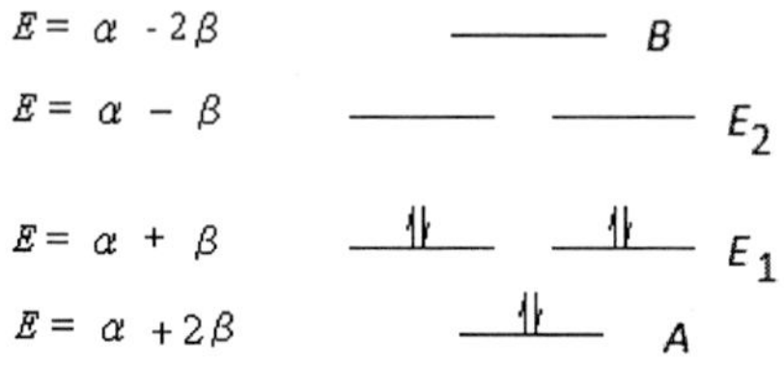

圖 8-12 苯分子的 π 軌域能階圖

$E_\pi = 2(\alpha + 2\beta) + 2(\alpha + \beta) + 2(\alpha + \beta) = 6\alpha + 8\beta$

3 個孤立的雙鍵: $E_\pi = 3(\alpha + \beta) = 6\alpha + 6\beta$

共振能: $E_{res} = (6\alpha + 8\beta) - (6\alpha + 6\beta) = 2\beta$

可知苯為非常穩定的分子, 因其具有相當的共振能。

8-4 非環狀共軛有機分子

[例題] 求四亞甲基環丁烷 (Tetramethylenecyclobutane) 分子的 π 軌域能量

早在 1952 年, 科學家就預測該分子可存在, 並具有很大的共振能。1962 年該分子被合成, 且証實為一穩定的分子。

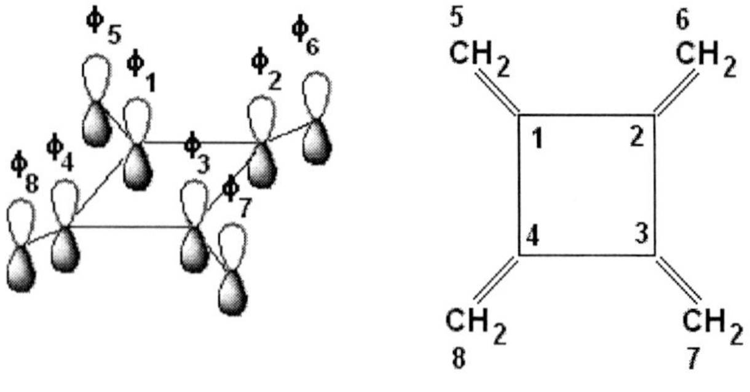

圖 8-13 四亞甲基環丁烷分子

分子屬 D_{4h} 群。以 8 個 p 軌域為基底, 得可約表象為:

D_{4h}	E	$2C_4$	C_2	$2C_2'$	$2C_2''$	i	$2S_4$	σ_h	$2\sigma_v$	$2\sigma_d$
Γ	8	0	0	0	-4	0	0	-8	0	4

$\Gamma = 2A_{2u} + 2B_{1u} + 2E_g$

由觀查可知此分子含有兩類的碳原子: 即環外側的{5, 6, 7, 8} 及環內側的{1, 2, 3, 4}, 此兩類的碳原子本身即符合 D_{4h} 的對稱性, 任何的對稱運作均不可能將一類的碳原子轉換為另一類。因此, 任何一類均可獨自構成表象的基底。以環內外側碳原子的 p 軌域為分別為基底,化簡可約表象得 Γ^o 與 Γ^i:

$\Gamma^o = A_{2u} + B_{1u} + E_g$

$\Gamma^i = A_{2u} + B_{1u} + E_g$

上標 “o” 及 “i” 分別表示環外側 (outer) 及內側 (inner) 的軌域。

利用 D_{4h} 的子群 C_4, 可分別求出各類對應的 SALC:

$$\psi_A^i = \frac{1}{2}(\phi_1 + \phi_2 + \phi_3 + \phi_4) \qquad \psi_A^o = \frac{1}{2}(\phi_5 + \phi_6 + \phi_7 + \phi_8)$$

$$\psi_B^i = \frac{1}{2}(\phi_1 - \phi_2 + \phi_3 - \phi_4) \qquad \psi_B^o = \frac{1}{2}(\phi_5 - \phi_6 + \phi_7 - \phi_8)$$

$$\psi_E^i = \frac{1}{\sqrt{2}}(\phi_1 - \phi_3) \qquad \psi_E^o = \frac{1}{\sqrt{2}}(\phi_5 - \phi_7)$$

$$\psi_{E'}^i = \frac{1}{\sqrt{2}}(\phi_2 - \phi_4) \qquad \psi_{E'}^o = \frac{1}{\sqrt{2}}(\phi_6 - \phi_8)$$

分子軌域波函數, 為此內外兩類原子軌域波函數的組合:

$$\psi = c_i\psi^i + c_o\psi^o$$

根據對稱的要求, ψ^i 與 ψ^o 兩類波函數中只有同對稱性的可以組合, 且組合成的分子狀態波函數其對稱性不變。
引用線性變分原則, 對稱性為 A 的特徵行列式為:

$$\begin{vmatrix} H_{A^iA^i} - W & H_{A^iA^o} \\ H_{A^oA^i} & H_{A^oA^o} - W \end{vmatrix} = 0$$

$$H_{A^iA^i} = \int \psi^i_A \hat{H} \psi^i_A d\tau = \alpha + 2\beta$$

$$H_{A^oA^o} = \int \psi^o_A \hat{H} \psi^o_A d\tau = = \alpha$$

$$H_{A^iA^o} = H_{A^oA^i} = \int \psi^i_A \hat{H} \psi^o_A d\tau = \beta$$

將此代入行列式, 並令 $\alpha = 0$ 以簡化計算, 得:

$$\begin{vmatrix} \alpha + 2\beta - W & \beta \\ \beta & \alpha - W \end{vmatrix} \Rightarrow \begin{vmatrix} 2\beta - W & \beta \\ \beta & -W \end{vmatrix} = 0$$

$W = (1 \pm \sqrt{2})\beta$ 。

特徵行列式來自線性方程組:

$$(2\beta - W)c_i + (\beta)c_o = 0$$
$$(\beta)c_i + (-W)c_o = 0 \qquad \text{(A)}$$

將 $W = (1 + \sqrt{2})\beta$ 代入方程組, 得:

$\frac{c_i}{c_o} = 1 + \sqrt{2} = 2.414$ 。

$$c_i = 2.414c_o \qquad \text{(B)}$$

因為分子軌域必需歸一化:

$$\int \psi \cdot \psi d\tau = 1 = \int (c_i\psi_i + c_o\psi_o) \cdot (c_i\psi_i + c_o\psi_o) d\tau$$

$$c_i^{\,2} \int \psi_i \cdot \psi_i d\tau + 2c_ic_o \int \psi_i \cdot \psi_o d\tau + c_o^{\,2} \int \psi_o \cdot \psi_o d\tau = 1 \qquad \text{(C)}$$

ψ_i, ψ_o 為已歸一化的波函數, 具正交性質:

$$\int \psi_i \cdot \psi_i d\tau = \int \psi_o \cdot \psi_o d\tau = 1, \qquad \int \psi_i \cdot \psi_o d\tau = 0$$

代入 (C) 中, 得

$$c_i^{\ 2} + c_o^{\ 2} = 1$$

將 (B) 代入, 得 $c_i = 0.924$, $c_o = 0.382$ 。

分子軌域的能量為 $W = (1+\sqrt{2})\beta$, 對稱性為 A 的波函數為:

$$\begin{aligned}\psi_A^1 &= 0.924\psi_A^i + 0.382\psi_A^o \\ &= 0.462(\phi_1 + \phi_2 + \phi_3 + \phi_4) + 0.191(\phi_5 + \phi_6 + \phi_7 + \phi_8)\end{aligned}$$

同理, 將 $W = (1-\sqrt{2})\beta$ 代入 (A) 式 , 可得波函數:

$$\psi_2^A = 0.191(\phi_1 + \phi_2 + \phi_3 + \phi_4) - 0.462(\phi_5 + \phi_6 + \phi_7 + \phi_8)$$

對稱性為 B 的特徵行列式為:

$$\begin{vmatrix} -2\beta - W & \beta \\ \beta & -W \end{vmatrix} = 0$$

對應的分子軌域能量與波函數為:

$$W = (-\sqrt{2}-1)\beta \qquad \psi_B^2 = 0.462(\phi_1 - \phi_2 + \phi_3 - \phi_4) - 0.191(\phi_5 - \phi_6 + \phi_7 - \phi_8)$$

$$W = (\sqrt{2}-1)\beta \qquad \psi_B^1 = 0.462(\phi_5 - \phi_6 + \phi_7 - \phi_8) + 0.191(\phi_1 - \phi_2 + \phi_3 - \phi_4)$$

對稱性為 E 的特徵行列式為:

$$\begin{vmatrix} H_{E^iE^i} - W & H_{E^iE^o} \\ H_{E^iE^o} & H_{E^oE^o} - W \end{vmatrix} = \begin{vmatrix} -W & \beta \\ \beta & -W \end{vmatrix} = 0$$

對應的分子軌域能量與波函數為:

$W=-\beta \quad \psi_E^2=0.5(\phi_1+\phi_3-\phi_5-\phi_7)$

$W=\beta \quad \psi_E^1=0.5(\phi_1-\phi_3+\phi_5-\phi_7)$

$W=-\beta \quad \psi_{E'}^2=0.5(\phi_2+\phi_4-\phi_6-\phi_8)$

$W=\beta \quad \psi_{E'}^1=0.5(\phi_2-\phi_4+\phi_6-\phi_8)$

四亞甲基環丁烷的能階圖如下:

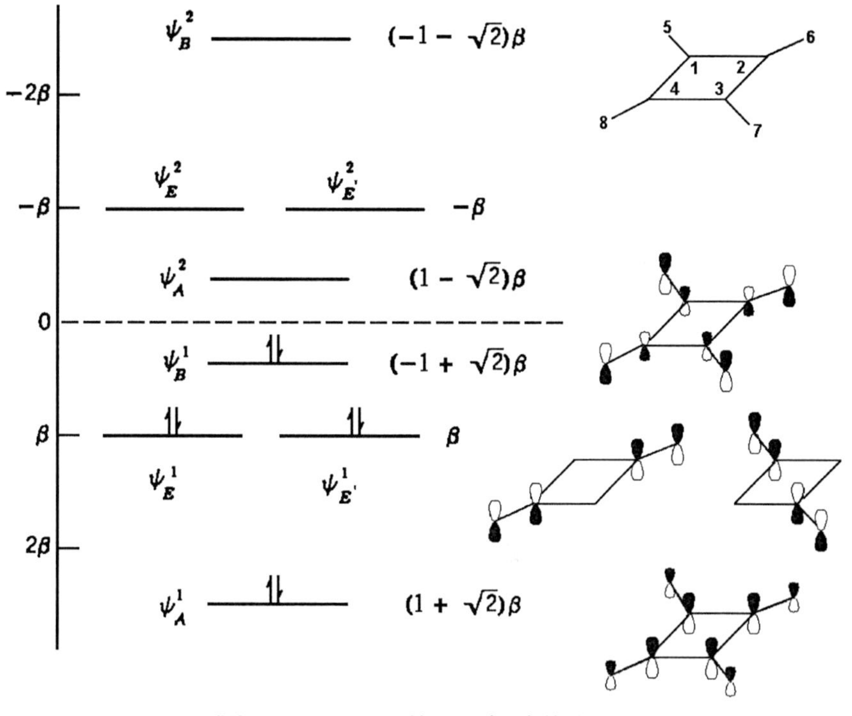

圖 8-14 四亞甲基環丁烷的能階圖

分子的 π 電子能量為:

$$E_\pi=2\cdot(1+\sqrt{2})\beta+2\cdot\beta+2\cdot\beta+2\cdot(-1+\sqrt{2})\beta=(4+4\sqrt{2})\beta=9.656\beta$$

4 個孤立的雙鍵, π 電子能量為: $E_\pi=4(2\beta)=8\beta$

共振能為 $E_{res}=9.656\beta-8\beta=1.9656\,\beta$

依此, 可斷定四亞甲基環丁烷分子為非常穩定的分子, 與實驗結果一致。

利用分子的波函數, 可以計算分子中鍵的鍵序 (bond order, B.O)。分子中第 i 個原子與第 j 個原子之間的鍵的鍵序可由填滿的分子軌域的波函數的係數計算:

$$\text{B.O.} = \sum_{k=1}^{occupied} n_e \times c_{ki} \times c_{kj}$$

n_e:在分子軌域中的電子數.

c_{ki} 與 c_{kj} 為第 k 個分子軌域中, i 原子軌域與 j 原子軌域的係數

計算的鍵序值愈大, 表示鍵愈強。

根據波函數, 在四亞甲基環丁烷分子中, C_1 與 C_2 間的鍵序為:

ψ_1^A : $2\times(0.462)(0.462) = 0.428$

ψ_1^B : $2\times(0.191)(-0.191) = -0.074$

ψ_E^1 : $2\times(0.500)(0) = 0.000$

$\psi_{E'}^1$: $2\times(0.500)(0) = 0.000$

B.O $= 0.354$

同理: C_1 與 C_5 間的鍵序為:

ψ_1^A : $2\times(0.191)(0.462) = 0.176$

ψ_1^B : $2\times(0.462)(0.191) = 0.176$

ψ_E^1 : $2\times(0.500)(0.500) = 0.500$

$\psi_{E'}^1$: $2\times(0)(0) = 0.000$

B.O $= 0.852$

因此, 推斷外環的 π 鍵較內環的 π 鍵強。

[例題] 試求如下雙環丙烯 (bicyclopropene) 分子的 π 軌域能量

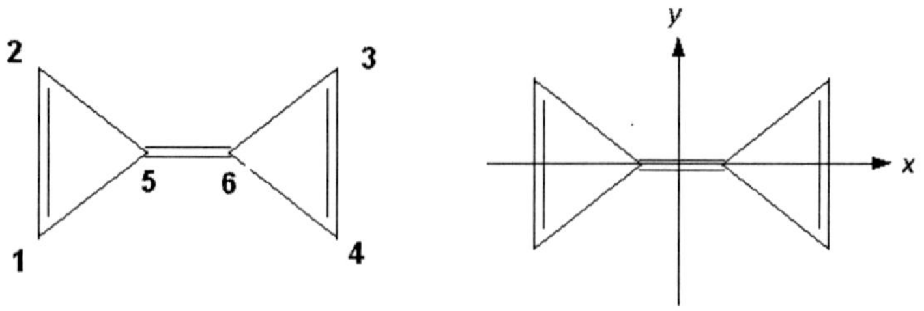

圖 8-15 雙環丙烯分子

分子對稱群為 D_{2h}。 以 6 個 $p_\perp$ 軌域為基底, 得可約表象為:

D_{2h}	E	$C_2(z)$	$C_2(y)$	$C_2(x)$	i	$\sigma(xy)$	$\sigma(xz)$	$\sigma(yz)$
Γ	6	0	0	-2	0	-6	2	0

$$\Gamma = 2B_{2g} + B_{3g} + A_u + 2B_{1u}$$

將原子軌域分為不互混的兩類: I :(1,2,3,4), II: (5,6)
分別得可約表象為:

D_{2h}	E	$C_2(z)$	$C_2(y)$	$C_2(x)$	i	$\sigma(xy)$	$\sigma(xz)$	$\sigma(yz)$
Γ_{I}	4	0	0	0	0	-4	0	0
Γ_{II}	2	0	0	-2	0	-2	2	0

$$\Gamma_{\text{I}} = B_{2g} + B_{3g} + A_u + B_{1u}$$
$$\Gamma_{\text{II}} = B_{2g} + B_{1u}$$

利用投影運算子, 得對應的 SALC:

第 I 類　　　　　　第 II 類

B_{2g}: $\psi^{I}_{B_{2q}} = \frac{1}{2}(\phi_1 + \phi_2 - \phi_3 - \phi_4)$,　　$\psi^{II}_{B_{2g}} = \frac{1}{\sqrt{2}}(\phi_5 - \phi_6)$

B_{1u}: $\psi^{I}_{B_{1u}} = \frac{1}{2}(\phi_1 + \phi_2 + \phi_3 + \phi_4)$,　　$\psi^{II}_{B_{1u}} = \frac{1}{\sqrt{2}}(\phi_5 + \phi_6)$

第 I 類

A_u: $\psi^{I}_{A_u} = \frac{1}{2}(\phi_1 - \phi_2 + \phi_3 - \phi_4)$

B_{3g}: $\psi^{I}_{B_{3g}} = \frac{1}{2}(\phi_1 - \phi_2 - \phi_3 + \phi_4)$

計算對稱性為 B_{2g} 及 B_{1u} 的特徵矩陣元素為:

B_{2g}: $H_{11}=\int \psi^{I}_{B_{2g}} \hat{H} \psi^{I}_{B_{2g}} d\tau = \alpha+\beta$

$$H_{22}=\int \psi^{II}_{B_{2g}} \hat{H} \psi^{II}_{B_{2g}} d\tau = \alpha-\beta$$

$$H_{12}=\int \psi^{I}_{B_{2g}} \hat{H} \psi^{II}_{B_{2g}} d\tau = \sqrt{2}\beta$$

$$\begin{vmatrix} \beta-W & \sqrt{2}\beta \\ \sqrt{2}\beta & -\beta-W \end{vmatrix} = 0 \qquad W=\pm\sqrt{3}\beta=\pm 1.732\beta$$

B_{1u}: $H_{11}=\int \psi^{I}_{B_{1u}} \hat{H} \psi^{I}_{B_{1u}} d\tau = \alpha+\beta$

$$H_{22}=\int \psi^{II}_{B_{1u}} \hat{H} \psi^{II}_{B_{1u}} d\tau = \alpha+\beta$$

$$H_{12}=\int \psi^{I}_{B_{1u}} \hat{H} \psi^{II}_{B_{1u}} d\tau = \sqrt{2}\beta$$

$$\begin{vmatrix} \beta-W & \sqrt{2}\beta \\ \sqrt{2}\beta & \beta-W \end{vmatrix} = 0 \qquad W== 2.414\beta, \quad -0.414\beta$$

對稱性為 A_u 與 B_{3g} 的能量為:

A_u: $H_{11}=\int \psi^{I}_{A_u} \hat{H} \psi^{I}_{A_u} d\tau = \alpha-\beta$

B_{3g}: $H_{11}=\int \psi^{I}_{B_{3g}} \hat{H} \psi^{I}_{B_{3g}} d\tau = \alpha-\beta$

得 π 軌域能量 : 2.414β, 1.732β, -1.0β, -1.0β, -0.414β, -1.732β

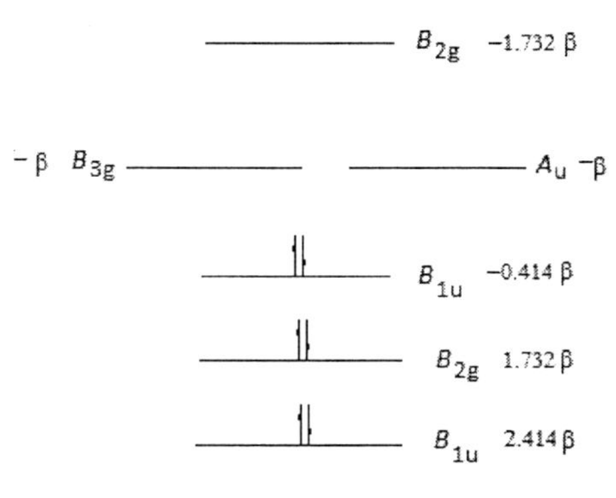

圖 8-16 雙環丙烯分子能階圖

分子的共振能： $E_{res} = 2\times(2.414+1.732-0.414)-6.0=1.464(\beta)$

對應於最低能量的三個波函數為:

$$\psi_{B_{1u}} = 0.354\phi_1 + 0.354\phi_2 + 0.354\phi_3 + 0.354\phi_4 + 0.5\phi_5 + 0.5\phi_6 \qquad 2.414\beta$$

$$\psi_{B_{2g}} = 0.444\phi_1 + 0.444\phi_2 - 0.444\phi_3 - 0.444\phi_4 + 0.325\phi_5 - 0.325\phi_6 \qquad 1.732\beta$$

$$\psi_{B_{1u}} = 0.354\phi_1 + 0.354\phi_2 + 0.354\phi_3 + 0.354\phi_4 - 0.5\phi_5 - 0.5\phi_6 \qquad -0.414\beta$$

計算的鍵序為:

BO(1-2)： $2\times(0.354\times0.354+0.444\times0.444+0.354\times0.354)=0.896$

BO(1-5)： $2\times(0.354\times0.5+0.444\times0.325-0.354\times0.5)=0.29$

BO(5-6)： $2\times(0.5\times0.5-0.325\times0.325+0.5\times0.5)=0.788$

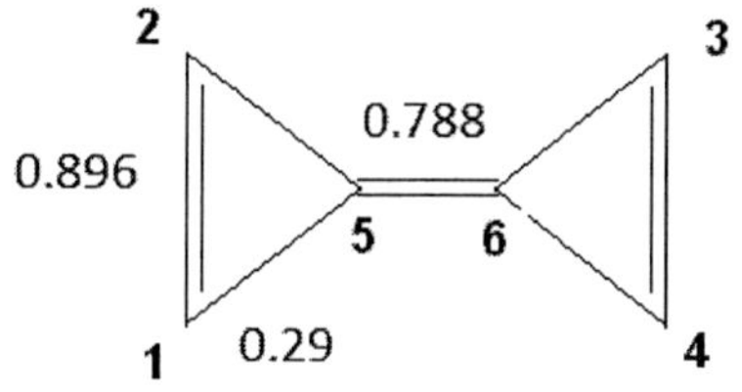

圖 8-17 雙環丙烯分子的鍵序

[例題] 試求萘 (Naphthalene) $C_{10}H_8$ 分子的 π 軌域能量

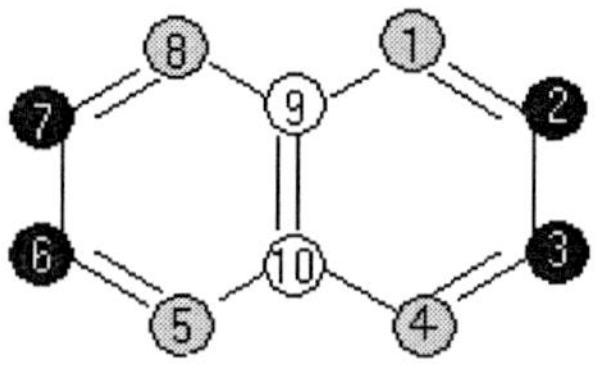

圖 8-18 萘分子的 $p_\perp$ 軌域

分子的對稱群為 D_{2h}, 將 $p_\perp$ 軌域分為 3 類:
{1, 4, 5, 8}, {2, 3, 6, 7} 與 {9, 10}.

將對應的可約表象化簡得:

1, $\{\phi_1,\phi_4,\phi_5,\phi_8\}$: $A_u, B_{1u}, B_{2g}, B_{3g}$

2, $\{\phi_2,\phi_3,\phi_6,\phi_7\}$: $A_u, B_{1u}, B_{2g}, B_{3g}$

3, $\{\phi_9, \phi_{10}\}$: B_{1u}, B_{3g}

SALC 為:

A_u: $\psi_1^{A_u} = \frac{1}{2}(\phi_1 - \phi_4 + \phi_5 - \phi_8)$, $\psi_2^{A_u} = \frac{1}{2}(\phi_2 - \phi_3 + \phi_6 - \phi_7)$

B_{1u}: $\psi_1^{B_{1u}} = \frac{1}{2}(\phi_1 + \phi_4 + \phi_5 + \phi_8)$, $\psi_2^{B_{1u}} = \frac{1}{2}(\phi_2 + \phi_3 + \phi_6 + \phi_7)$,

$\psi_3^{B_{1u}} = \frac{1}{\sqrt{2}}(\phi_9 + \phi_{10})$

B_{2g}: $\psi_1^{B_{2g}} = \frac{1}{2}(\phi_1 + \phi_4 - \phi_5 - \phi_8)$, $\psi_2^{B_{2g}} = \frac{1}{2}(\phi_2 + \phi_3 - \phi_6 - \phi_7)$

B_{3g}: $\psi_1^{B_{3g}} = \frac{1}{2}(\phi_1 - \phi_4 - \phi_5 + \phi_8)$, $\psi_2^{B_{3g}} = \frac{1}{2}(\phi_2 - \phi_3 - \phi_6 + \phi_7)$,

$\psi_3^{B_{3g}} = \frac{1}{\sqrt{2}}(\phi_9 - \phi_{10})$

令 $\alpha = 0$, 不同對稱性的特徵行列式及能量為:

A_u: $$\begin{vmatrix} H_{11} - E & H_{12} \\ H_{21} & H_{22} - E \end{vmatrix} = \begin{vmatrix} -W & \beta \\ \beta & -\beta - W \end{vmatrix} = 0$$

$H_{11} = \int \psi_1^{A_u} \hat{H} \psi_1^{A_u} d\tau$, $H_{12} = \int \psi_1^{A_u} \hat{H} \psi_2^{A_u} d\tau$, $H_{22} = \int \psi_2^{A_u} \hat{H} \psi_2^{A_u} d\tau$

W = -1.618 β; 0.618 β

B_{1u}: $$\begin{vmatrix} H_{11} - E & H_{12} & H_{13} \\ H_{21} & H_{22} - E & H_{23} \\ H_{31} & H_{32} & H_{33} - E \end{vmatrix} = \begin{vmatrix} -W & \beta & \sqrt{2}\beta \\ \beta & \beta - W & 0 \\ \sqrt{2}\beta & 0 & \beta - W \end{vmatrix} = 0$$

$H_{11} = \int \psi_1^{B_{1u}} \hat{H} \psi_1^{B_{1u}} d\tau$, $H_{22} = \int \psi_2^{B_{1u}} \hat{H} \psi_2^{B_{1u}} d\tau$, $H_{33} = \int \psi_3^{B_{1u}} \hat{H} \psi_3^{B_{1u}} d\tau$

$H_{12} = \int \psi_1^{B_{1u}} \hat{H} \psi_2^{B_{1u}} d\tau$, $H_{23} = \int \psi_2^{B_{1u}} \hat{H} \psi_3^{B_{1u}} d\tau$, $H_{13} = \int \psi_1^{B_{1u}} \hat{H} \psi_3^{B_{1u}} d\tau$

W = 2.303 β; β; -1.303 β

B_{2g}: $$\begin{vmatrix} H_{11} - E & H_{12} \\ H_{21} & H_{22} - E \end{vmatrix} = \begin{vmatrix} -W & \beta \\ \beta & -\beta - W \end{vmatrix} = 0$$

$H_{11} = \int \psi_1^{B_{2g}} \hat{H} \psi_1^{B_{2g}} d\tau$, $H_{22} = \int \psi_2^{B_{2g}} \hat{H} \psi_2^{B_{2g}} d\tau$, $H_{33} = \int \psi_3^{B_{2g}} \hat{H} \psi_3^{B_{2g}} d\tau$

$W = -1.618\beta$; 0.618β

$$B_{3g}: \begin{vmatrix} H_{11}-E & H_{12} & H_{13} \\ H_{21} & H_{22}-E & H_{23} \\ H_{31} & H_{32} & H_{33}-E \end{vmatrix} = \begin{vmatrix} -W & \beta & \sqrt{2}\beta \\ \beta & -\beta-W & 0 \\ \sqrt{2}\beta & 0 & -\beta-W \end{vmatrix} = 0$$

$$H_{11} = \int \psi_1^{B_{3g}} \hat{H} \psi_1^{B_{3g}} d\tau,\quad H_{22} = \int \psi_2^{B_{3g}} \hat{H} \psi_2^{B_{3g}} d\tau,\quad H_{33} = \int \psi_3^{B_{3g}} \hat{H} \psi_3^{B_{3g}} d\tau$$

$$H_{12} = \int \psi_1^{B_{3g}} \hat{H} \psi_2^{B_{3g}} d\tau,\quad H_{23} = \int \psi_2^{B_{3g}} \hat{H} \psi_3^{B_{3g}} d\tau,\quad H_{13} = \int \psi_1^{B_{3g}} \hat{H} \psi_3^{B_{3g}} d\tau$$

$W = -\beta$; -2.303β; 1.303β

得萘分子的能階圖為:

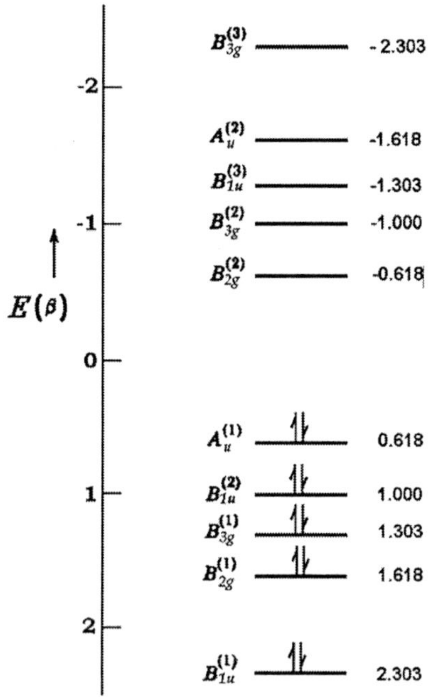

圖 8-19 萘分子的能階圖

π 電子能量: $E_\pi = 2\times(2.303 + 1.618 + 1.303 + 1.000 + 0.618) = 13.684\ (\beta)$
共振能: $E_{res} = 13.684\beta - 2\times5\beta = 3.684\ \beta$

$\beta \sim 20$ kcal/mol, $E_{res} \sim 60 \sim 80$kcal/mol, 表示萘分子為非常穩定的分子。

幾個低能量的分子軌域為:

$\psi^{(1)}_{B_{1u}}$:　2.303β　$0.301(\phi_1+\phi_4+\phi_5+\phi_8)+0.231(\phi_2+\phi_3+\phi_6+\phi_7)+0.461(\phi_9+\phi_{10})$

$\psi^{(1)}_{B_{2g}}$:　1.618β　$0.263(\phi_1+\phi_4-\phi_5-\phi_8)+0.425(\phi_2+\phi_3-\phi_6-\phi_7)$

$\psi^{(1)}_{B_{3g}}$:　1.303β　$0.400(\phi_1-\phi_4-\phi_5+\phi_8)+0.174(\phi_2-\phi_3-\phi_6+\phi_7)+0.347(\phi_9-\phi_{10})$

$\psi^{(2)}_{B_{1u}}$:　1.000β　$0.408(\phi_2+\phi_3+\phi_6+\phi_7)-0.408(\phi_9+\phi_{10})$

$\psi^{(1)}_{A_u}$:　0.618β　$0.425(\phi_1-\phi_4+\phi_5-\phi_8)+0.263(\phi_2-\phi_3+\phi_6-\phi_7)$

依此波函數可計算萘分子的鍵序:

例如 (1,2) 的鍵序為:

$\psi^{(1)}_{B_{1u}}$:　$2\times(0.301)(0.231)=0.139$

$\psi^{(1)}_{B_{2G}}$:　$2\times(0.263)(0.425)=0.225$

$\psi^{(1)}_{B_{3G}}$:　$2\times(0.400)(0.174)=0.139$

$\psi^{(2)}_{B_{1u}}$:　$2\times(0.000)(0.408)=0.000$

$\psi^{(1)}_{A_u}$:　$2\times(0.425)(0.263)=0.225$

B.O. (1-2)　$=0.728$

同理, 計算萘分子其餘各鍵的鍵序, 得:

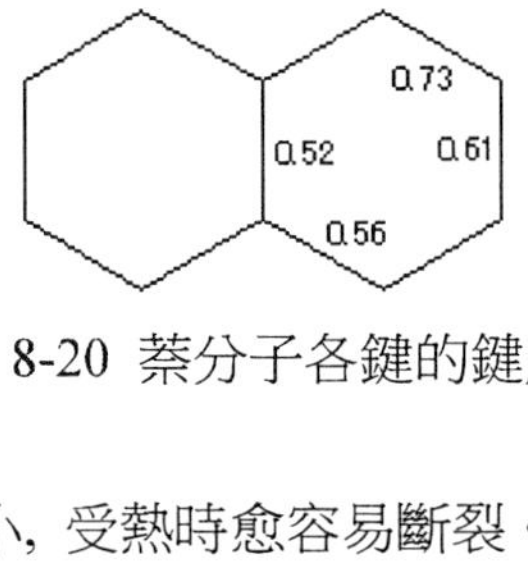

圖 8-20 萘分子各鍵的鍵序

分子中的化學鍵鍵序愈小, 受熱時愈容易斷裂。

第九章　分子振動

9-1 分子振動模式

分子中的原子不論在何種溫度 (包括絕對零度) 皆不停的振動。分子的振動可視為原子小幅度移動的組合。分子振動時質心的位置不變。

下圖例示 H_2O 分子的振動:

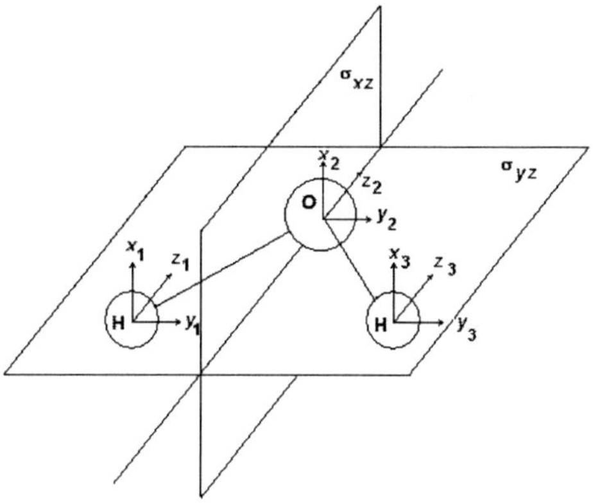

圖 9-1 H_2O 分子的振動

分子的對稱群 C_{2v}. 以圖中原子的移動向量為基底, 對應的對稱操作矩陣為:

E

$$\begin{bmatrix} 1&0&0&0&0&0&0&0&0\\ 0&1&0&0&0&0&0&0&0\\ 0&0&1&0&0&0&0&0&0\\ 0&0&0&1&0&0&0&0&0\\ 0&0&0&0&1&0&0&0&0\\ 0&0&0&0&0&1&0&0&0\\ 0&0&0&0&0&0&1&0&0\\ 0&0&0&0&0&0&0&1&0\\ 0&0&0&0&0&0&0&0&1 \end{bmatrix}$$

C_2

$$\begin{bmatrix} 0&0&0&0&0&0&-1&0&0\\ 0&0&0&0&0&0&0&-1&0\\ 0&0&0&0&0&0&0&0&1\\ 0&0&0&-1&0&0&0&0&0\\ 0&0&0&0&-1&0&0&0&0\\ 0&0&0&0&0&1&0&0&0\\ -1&0&0&0&0&0&0&0&0\\ 0&-1&0&0&0&0&0&0&0\\ 0&0&1&0&0&0&0&0&0 \end{bmatrix}\begin{bmatrix} x_1\\ y_1\\ z_1\\ x_2\\ y_2\\ z_2\\ x_3\\ y_3\\ z_3 \end{bmatrix}$$

$\sigma\,(xz)$

$$\begin{bmatrix} 0&0&0&0&0&0&1&0&0\\ 0&0&0&0&0&0&0&-1&0\\ 0&0&0&0&0&0&0&0&1\\ 0&0&0&1&0&0&0&0&0\\ 0&0&0&0&-1&0&0&0&0\\ 0&0&0&0&0&1&0&0&0\\ 1&0&0&0&0&0&0&0&0\\ 0&-1&0&0&0&0&0&0&0\\ 0&0&1&0&0&0&0&0&0 \end{bmatrix}$$

$\sigma\,(yz)$

$$\begin{bmatrix} -1&0&0&0&0&0&0&0&0\\ 0&1&0&0&0&0&0&0&0\\ 0&0&1&0&0&0&0&0&0\\ 0&0&0&-1&0&0&0&0&0\\ 0&0&0&0&1&0&0&0&0\\ 0&0&0&0&0&1&0&0&0\\ 0&0&0&0&0&0&-1&0&0\\ 0&0&0&0&0&0&0&1&0\\ 0&0&0&0&0&0&0&0&1 \end{bmatrix}\begin{bmatrix} x_1\\ y_1\\ z_1\\ x_2\\ y_2\\ z_2\\ x_3\\ y_3\\ z_3 \end{bmatrix}$$

這組可約表象為:

C_{2v}	E	C_2	$\sigma_v(xz)$	$\sigma_v(yz)$		
A_1	1	1	1	1	z	x^2,y^2,z^2
A_2	1	1	-1	-1	R_z	xy
B_1	1	-1	1	-1	x,R_y	xz
B_2	1	-1	-1	1	y,R_x	yz
Γ	9	-1	3	1		

$\Gamma = 3A_1 + A_2 + 3B_1 + 2B_2$

式中, 對稱性與 x, y 與 z 相同的為分子的移動運動 (translations) , 對稱性與 R_x, R_y 與 R_z 相同的為分子的轉動運動。將分子的運動除去移動與轉動, 剩下分子的振動運動:

$$\begin{array}{lcl} \Gamma & = & 3A_1 + A_2 + 3B_1 + 2B_2 \\ \Gamma - \Gamma(\text{移動}) & - & (\ A_1 + \qquad B_1 + \ B_2\ ) \\ \hline \Gamma' & = & 2A_1 + A_2 + \ 2B_1 + B_2 \\ \Gamma' - \Gamma(\text{轉動}) & - & (\qquad A_2 + \ B_1 + B_2\ ) \\ \hline \Gamma(\text{振動}) & = & 2A_1 \quad + \quad B_1 \end{array}$$

這表示 H_2O 有三種振動的方式(振動模式, vibration modes), 其中兩種振動的對稱性為 A_1 還有一種, 對稱性為 B_1 。

N 個原子的非線性分子有 $3N-6$ 個振動模式, 而 N 個原子的線性分子, 其振動模式 為 $3N-5$ 。
因 H_2O 為 3 原子的非線性分子, 故其共有 3 種振動模式。

[例題] 試找出 CO_3^{2-} 分子的振動模式

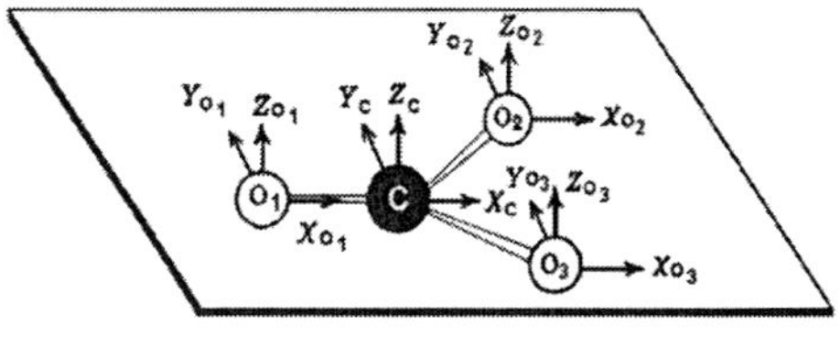

圖 9-2 CO_3^{2-} 的原子移動向量

分子對稱群為 D_{3h}.
任合的對稱操作，若原子的位置移動，則對應於該原子的移動向量 (x_i, y_i, z_i) 的矩陣的特徵值為零。

例如 CO_3^{2-} 分子的 C_3 旋轉:

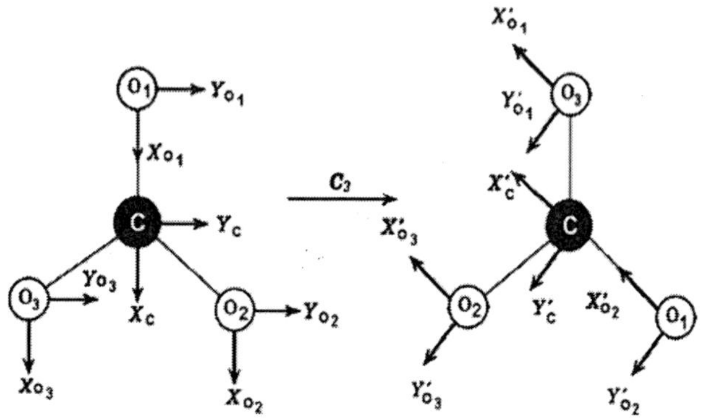

圖 9-3　CO_3^{2-} 分子的 C_3 旋轉

對應的旋轉矩陣為:

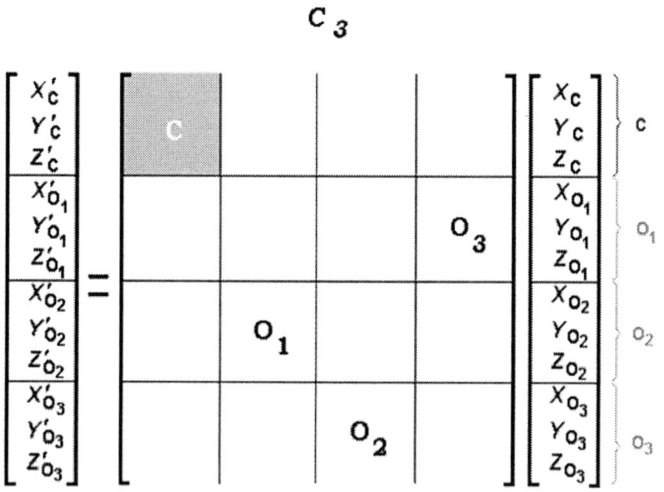

旋轉後，僅 C 原子的位置沒有移動，對應 C 原子的位移向量的塊狀矩陣 (C block) 為:

$$\begin{bmatrix} x_C' \\ y_C' \\ z_C' \end{bmatrix} = \begin{bmatrix} \cos 120^o & -\sin 120^o & 0 \\ \sin 120^o & \cos 120^o & 0 \\ 0 & 0 & 1 \end{bmatrix} \begin{bmatrix} x_C \\ y_C \\ z_C \end{bmatrix}$$

此矩陣的特徵值為:

$$2\cos 120^0 + 1 = 2\cdot(-\tfrac{1}{2}) + 1 = 0$$

對應於分子的原子位移向量為基底的可約表象為:

D_{3h}	E	$2C_3$	$3C_2$	σ_h	$2S_3$	$3\sigma_v$	
A_1'	1	1	1	1	1	1	
A_2'	1	1	-1	1	1	-1	R_z
E'	2	-1	0	2	-1	0	(x, y)
A_1"	1	1	1	-1	-1	-1	
A_2"	1	1	-1	-1	-1	1	z
E"	2	-1	0	-2	1	0	(R_x, R_y)
Γ	12	0	-2	4	-2	2	

Γ = $A_1' + A_2' + 3E' + 2A_2'' + E''$

Γ - Γ(移動)　- ($A_2'' + E'$)　x, y, z

$A_1' + A_2' + 2E' + A_2'' + E'$

Γ – Γ(轉動)　- (A_2' + E')　R_x, R_y, R_z

Γ(振動)　$A_1' + 2E' + A_2''$

依此, CO_3^{2-} 有 6 個振動模式; 包括一個 A_1', 一個 A_2", 兩個簡併 (degenerate) 的模式 E'。
簡併的振動模式具有相同的振動頻率。

[例題]　試找出 CH_4 (methane) 分子的振動模式
分子的對稱群為 T_d

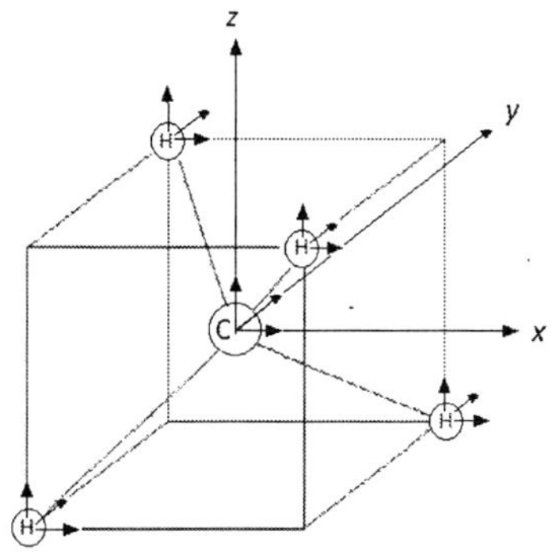

圖 9-4　CH_4 分子的原子位移向量

以原子的移動向量為基底, 得可約表象為:

T_d	E	$8C_3$	$3C_2$	$6S_4$	$6\sigma_d$		
A_g	1	1	1	1	1		$x^2+y^2+z^2$
A_2	1	1	1	-1	-1		
E	2	-1	2	0	0		$(2z^2-x^2-y^2, x^2-y^2)$
T_1	3	0	-1	1	-1	(R_x,R_y,R_z)	
T_2	3	0	-1	-1	1	(x,y,z)	(xz,yz,xy)
Γ	15	0	-1	-1	3		

Γ = $A_1 + E + T_1 + 3T_2$

Γ - Γ(移動) - (T_2) x, y, z

$A_1 + E + T_1 + 2T_2$

Γ – Γ(轉動) - (T_1) R_x, R_y, R_z

Γ(振動) $A_1 + E + 2T_2$

Vibration modes of CH_4 的振動模式為一個 A_1, 一個簡併的 E 和兩個三重簡併的 T_2, 共有: 1 + 2 + 3 + 3 = 9 振動模式。

9-2 分子振動的簡諧振盪體模型

雙原子分子 AB 的振動可以用簡諧振盪 (harmonic oscillator) 模型描述。將分子想像為以彈簧相聯的兩個質點, 如下圖:

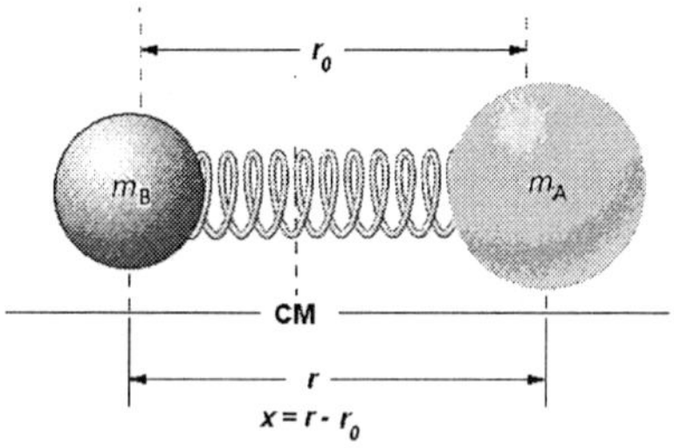

圖 9-5 AB 振動的簡諧振盪模型

振動的薛丁格方程式為 :

$$H\psi = E\psi,$$

$$H = -\frac{\hbar^2}{2\mu}\frac{d^2}{dx^2} + \frac{1}{2}kx^2$$

$\mu = \frac{m_A m_B}{m_A + m_B}$ 為簡化質量 (reduced mass), m_A, m_B 為原子 A 與 B 的質量。

解薛丁格方程式, 得量子化的能量:

$$E_n = (n + \tfrac{1}{2})\, h\nu, \qquad n = 0, 1, 2, 3, \ldots$$

n 為量子數, ν 為振動頻率:

$$\nu = \frac{1}{2\pi}\sqrt{\frac{k}{\mu}}$$ k 為彈力常數.

歸一化的波函數為:

$$\psi_n(x) = N_n H_n(\alpha^{1/2}x)e^{-\frac{1}{2}\alpha x^2}$$

N_n 為歸一化常數, H_n 為 n 階的赫米特多項式 (Hermit polynomial), $\alpha = \frac{2\pi\nu\mu}{\hbar}$ 。

表 9-1 列出幾個低階的赫米特多項式。表中顯示, 若 n 為偶數, $H_n(x)$ 為偶函數; 若 n 為奇數, $H_n(x)$ 為奇函數。

表 9-1 低階的赫米特多項式

n	$H_n(x)$	性質
0	1	偶函數
1	$2x$	奇函數
2	$4x^2 - 2$	偶函數
3	$8x^3 - 12x$	奇函數

定義一個新的坐標 q :

$$q = \alpha^{1/2}x$$

$$\psi_n(x) = N_n H_n(q)e^{-\frac{1}{2}q^2}$$

將波函數與能量代入薛丁格方程式,簡化為:

$$-\frac{1}{2}h\nu\frac{d^2\psi_n}{dq^2}+\frac{1}{2}h\nu q^2\psi_n=(n+\frac{1}{2})h\nu\psi_n$$

兩邊同將 $h\nu$ 約去, 得:

$$-\frac{1}{2}\frac{d^2\psi_n}{dq^2}+\frac{1}{2}q^2\psi_n=(n+\frac{1}{2})\psi_n$$

因此, 以坐標 q 表示, 基態與第一激發態的波函數與能量分別為:

$$\psi_1(q)=N_1\cdot q\cdot e^{-\frac{1}{2}q^2} \qquad E_1=\frac{3}{2}(h\nu)$$

$$\psi_0(q)=N_0\cdot e^{-\frac{1}{2}q^2} \qquad E_0=\frac{1}{2}(h\nu)$$

q: 為無因次的坐標, 稱為"正則坐標" (normal coordinate)。

9-3 多原子分子的振動

含有 N 個原子的非線型多原子分子的振動的漢彌爾頓運算子以正則坐標表示為:

$$\hat{H}=-\frac{1}{2}\frac{\partial^2}{\partial q_1{}^2}-\frac{1}{2}\frac{\partial^2}{\partial q_2{}^2}-\cdots-\frac{1}{2}\frac{\partial^2}{\partial q_{3N-6}{}^2}+\frac{1}{2}q_1{}^2+\frac{1}{2}q_2{}^2+\cdots+\frac{1}{2}q_{3N-6}{}^2$$

$$=\sum_{i=1}^{3N-6}(-\frac{1}{2}\frac{\partial^2}{\partial q_i{}^2}+\frac{1}{2}q_i{}^2)$$

$$E(n_1,n_2,\cdots,n_{3N-6})=(n_1+\tfrac{1}{2})h\nu_1+(n_2+\tfrac{1}{2})h\nu_2+\cdots(n_{3N-6}+\tfrac{1}{2})h\nu_{3N-6}$$

$$\psi(n_1,n_2,\cdots,n_{3N-6})=\psi_{n_1}(q_1)\cdot\psi_{n_2}(q_2)\cdots\psi_{n_{3N-6}}(q_{3N-6})$$

基態波函數為:

$$\psi(0,0,\cdots,0)=\psi_0(q_1)\cdot\psi_0(q_2)\cdots\psi_0(q_{3N-6})$$

$H_0(q)=1$,

$$\psi(0,0,\cdots,0) = Ne^{-\frac{1}{2}q_1^2} \cdot e^{-\frac{1}{2}q_2^2} \cdots e^{-\frac{1}{2}q_{3N-6}^2} = N\exp\left[-\tfrac{1}{2}(q_1^2 + q_2^2 + \cdots + q_{3N-6}^2)\right]$$
$$= N\exp\left[-\frac{1}{2}\sum_{i=1}^{3N-6} q_i^2\right] = N\prod_{i=1}^{3N-6}\exp\left(-\frac{1}{2}q_i^2\right)$$

各振動模式皆具有特定的對稱性。

$\exp\left(-\frac{1}{2}q_i^2\right)$ 函數的對稱性與 q_i^2 的對稱性相同。對應於 q_i 的最簡表象自身的直接乘積 $q_i \times q_i$ 必等於全對稱表象。因此，$\exp\left(-\frac{1}{2}q_i^2\right)$ 的對稱性為全對稱。

例如 H_2O, 振動模式 q_1，q_2 與 q_3 的對稱性為: A_1，A_1，B_1。則對應於振動模式的基態波函數的對稱性為:
$A_1 \times A_1 = A_1$; $B_1 \times B_1 = A_1$
皆為全對稱。

紅外光 (infrared light) 與拉曼散射 (Raman scattering) 可激發分子的振動。

單光子的激發稱為"基振轉移" (fundamental transition)。一般由基振轉移所得的紅外光吸收峰或拉曼譜峰的強度最強。
H_2O 單光子的激發為:

$$\psi(0,0,0)\xrightarrow{h\nu_1}\psi(1,0,0)$$
$$\psi(0,0,0)\xrightarrow{h\nu_2}\psi(0,1,0)$$
$$\psi(0,0,0)\xrightarrow{h\nu_3}\psi(0,0,1)$$

[例題] 以圖形顯示 H_2O 分子第二振動模式的單光子激發

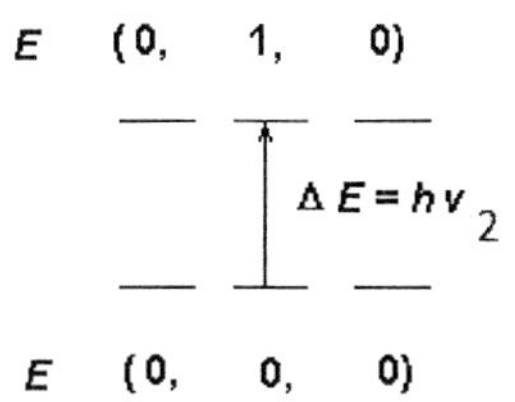

圖 9-6 H_2O 分子第二振動模式的單光子激發

H_2O 分子第一振動模式的單光子激發的波函數為:

$$\psi(1,0,0) = N\psi_1(q_1)\psi_0(q_2)\psi_0(q_3) = NH_1(q_1)e^{-\frac{1}{2}q_1^2} \cdot e^{-\frac{1}{2}q_2^2} \cdot e^{-\frac{1}{2}q_3^2}$$

$$= Nq_1 \cdot \prod_{i=1}^{3} \exp\left(-\frac{1}{2}q_i^2\right)$$

$$A_1 \qquad\qquad A_1$$

$\psi(1,0,0)$ 的對稱性為 $A_1 \times (A_1) = A_1$
同理, $\psi(0,1,0)$ 的對稱性為 $A_1 \times (A_1) = A_1$
$\psi(0,0,1)$ 的對稱性為 $B_1 \times (A_1) = B_1$

單光子激發態波函數的對稱性與被激發模式的對稱性相同。

9-4 紅外光譜與拉曼光譜活性

紅外光激發的光譜選擇定律 (selection rule) 為:

$$I \propto \left|\int \psi_f \hat{D} \psi_i d\tau\right|^2$$

ψ_f 與 ψ_i 為激發態與基態的波函數, $\hat{D}$ 是偶極矩 (dipole moment) 運算子。

$$\bar{D} = \sum_{i=1}^{N} Q_i \bar{r}_i$$

Q_i 與 $\bar{r}_i$ 為第 i 個原子的荷電量與位置向量。偶極矩為向量:

$$\bar{D} = \bar{i}D_x + \bar{j}D_y + \bar{k}D_z$$

偶極矩分量 D_x, D_y, D_z 的對稱性與 x, y, z 相同。

$$I \propto \left(\int \psi_f D_x \psi_i d\tau\right)^2 + \left(\int \psi_f D_y \psi_i d\tau\right)^2 + \left(\int \psi_f D_z \psi_i d\tau\right)^2$$

僅有 $\int \psi_f \begin{pmatrix} x \\ y \\ z \end{pmatrix} \psi_i d\tau \neq 0$ 時可觀測到紅外光譜的吸收峰

考慮單光子的激發，因基態波函數(ψ_i)的對稱性為全對稱，故只有當 x, y, 或 z 與激發態波函數 ψ_f 的對稱性相同時，對應的直接乘積才含有全對稱的表象，上積分式不為零。

但又知激發態波函數 ψ_f 的對稱性與被激發的振動模式的對稱性相同，故當振動模式與 x, y, z 的任何一個的對稱性相同時，$\int \psi_f \begin{pmatrix} x \\ y \\ z \end{pmatrix} \psi_i d\tau \neq 0$，可觀測到紅外光譜的吸收峰，這個振動模式稱為具紅外光活性 (infrared active) 的模式。

[例題] H_2O 的三個振動模式的對稱性為: A_1, A_1 及 B_1。試判斷 H_2O 的單光子激發 (0,0,0) 至 (1,0,0) 的紅外光活性:

C_{2v}	E	C_2	$\sigma_v(xz)$	$\sigma_v(yz)$		
A_1	1	1	1	1	z	x^2,y^2,z^2
A_2	1	1	-1	-1	R_z	xy
B_1	1	-1	1	-1	x,R_y	xz
B_2	1	-1	-1	1	y,R_x	yz

$\psi(0,0,0)$ 的對稱性: A_1，$\psi(1,0,0)$ 的對稱性: A_1。
C_{2v} 中 x, y, z 的對稱性: x 為 B_1, y 為 B_2，z 為 A_1。

$\psi(1,0,0)$ 與 z 對稱性相同，故 $\int \psi(1,0,0) \cdot z \cdot \psi(0,0,0) d\tau \neq 0$

故，振動模式 A_1 具紅外光活性，紅外光譜上可觀測到 (0,0,0) 至 (1,0,0) 的吸收峰。

[例題]　試判斷 CO_3^{2-} 分子的紅外光活性模式

CO_3^{2-} 的對稱群為 D_{3h}

以原子的移動向量為基底，對應的可約表象為：

D_{3h}	E	$2C_3$	$3C_2$	σ_h	$2S_3$	$3\sigma_v$	
A_1'	1	1	1	1	1	1	
A_2'	1	1	-1	1	1	-1	R_z
E'	2	-1	0	2	-1	0	(x, y)
A_1''	1	1	1	-1	-1	-1	
A_2''	1	1	-1	-1	-1	1	z
E''	2	-1	0	-2	1	0	(R_x, R_y)
Γ	12	0	-2	4	-2	2	

振動模式的對稱性為：$A_1'+2E'+A_2''$

(x,y) 的對稱性為 E'，　z 的對稱性為 A_2''

除 A_1' 外，其餘的 5 個振動模式為紅外光活性模式。

[例題]　試判斷 CH_4 分子的紅外光活性模式

CH_4 的對稱群為 T_d

以原子的移動向量為基底，對應的可約表象為：

T_d	E	$8C_3$	$3C_2$	$6S_4$	$6\sigma_d$
Γ	15	0	-1	-1	3

$$\Gamma = A_1 + E + T_1 + 3T_2$$

振動模式的對稱性為：$A_1 + E + 2T_2$

(x,y,z) 的對稱性為：T_2

T_2 振動模式具紅外光活性 (IR active)

甲烷的紅外光譜 (IR spectrum)顯示兩組幾乎為三重簡併的吸收峰，與理論預測一致。

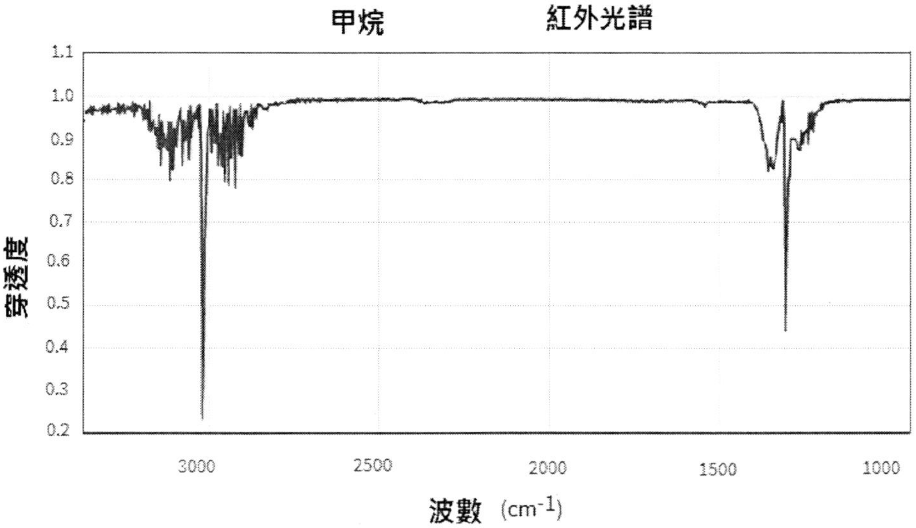

圖 9-7 甲烷的紅外吸收光譜

拉曼散射光譜的選擇律

散射實驗中，分子將入射光散射至不同的方向，如圖:

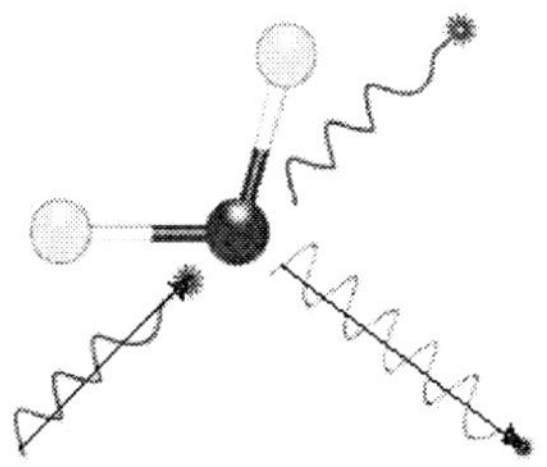

圖 9-8　**拉曼**散射實驗

拉曼散射光的強度為:

$$I \propto \int \psi_f \hat{P} \psi_i d\tau$$

$\hat{P}$：誘發電矩 (induced electric moment)

$$P = \alpha E$$

$$\begin{bmatrix} P_x \\ P_y \\ P_z \end{bmatrix} = \begin{bmatrix} \alpha_{xx} & \alpha_{xy} & \alpha_{xz} \\ \alpha_{yx} & \alpha_{yy} & \alpha_{yz} \\ \alpha_{zx} & \alpha_{zy} & \alpha_{zz} \end{bmatrix} \begin{bmatrix} E_x \\ E_y \\ E_z \end{bmatrix}$$

α_{ij}：偏極化係數 (polarization coefficient)

偏極化係數的對稱性與二次函數的對稱性相同:

$\alpha_{xx} \rightarrow x^2; \alpha_{xy} \rightarrow xy;\ \alpha_{xz} \rightarrow xz;\ \alpha_{yy} \rightarrow y^2;\ \alpha_{yz} \rightarrow yz;\ \alpha_{zz} \rightarrow z^2$

拉曼散射光譜的選擇律為任何一個如下的積分不等於零

$$\int \psi_f \alpha_{ij} \psi_i d\tau \neq 0$$

根據上選擇律可推出: 若分子的被激發振動模式與任何一個如下的二次函數的對稱性相同:

$$x^2, y^2, z^2, xy, xz, yz, x^2 - y^2, x^2 + y^2, x^2 + y^2 + z^2,\ 2z^2 - x^2 - y^2$$

則拉曼光譜上可觀測到對應的基振轉移, 這被激發的振動模式稱為具拉曼光譜活性 (Raman active)。

[例題]　試判斷 CH_4 分子的拉曼光譜活性模式

CH_4 的對稱群為 T_d

以原子的移動向量為基底, 得振動模式為: $A_1 + E + 2T_2$

由特徵表, $x^2 + y^2 + z^2$ 的對稱性為 A_1; $\left(2z^2 - x^2 - y^2, x^2 - y^2\right)$ 的對稱性為 E; (xy, yz, xz) 的對稱性為 T_2

因此, 9 種振動模式皆具拉曼光譜活性。

[例題] 試判斷 CO_2 分子的紅外光與拉曼光譜活性模式

CO_2 分子的對稱群為 $D_{\infty h}$, 分子軸為 z 軸。

利用 $D_{\infty h}$ 與 D_{2h} 的相關性, 以原子位移向量為基底, 的可約表象為:

D_{2h}	E	$C_2(z)$	$C_2(y)$	$C_2(x)$	i	$\sigma(xy)$	$\sigma(xz)$	$\sigma(yz)$
Γ	9	-3	-1	-1	-3	1	3	3

$$\Gamma(D_{2h}) = A_g + B_{2g} + B_{3g} + 2B_{1u} + 2B_{2u} + 2B_{3u}$$

轉換為 $D_{\infty h}$ 的最簡表象組合為:

$\Gamma(D_{\infty h}) = \Sigma_g^+ + \Pi_g + 2\Sigma_u^+ + 2\Pi_u$

根據 $D_{\infty h}$ 的特徵表, 除去移動模式: Σ_u^+, Π_u 與轉動模式: Π_g 得到 4 個振動模式:

$\Gamma = \Sigma_g^+ + \Sigma_u^+ + \Pi_u$

檢視特徵表, 可得: Σ_u^+ 與 Π_u 具 IR 活性, Σ_g^+ 具拉曼光譜活性。

[例題] 試判斷 HCN 分子的紅外光與拉曼光譜活性模式

HCN 分子的對稱群為 $C_{\infty v}$, 分子軸為 z 軸。

利用 $C_{\infty v}$ 與 C_{2v} 的相關性, 以原子位移向量為基底, 的可約表象為:

C_{2v}	E	C_2	$\sigma_v(xz)$	$\sigma_v(yz)$
Γ	9	-1	3	1

$\Gamma(C_{2v}) \quad = 3A_1 + 3B_1 + 3B_2$

$\Gamma - \Gamma$(移動) $\quad \underline{A_1 \quad B_1 \quad B_2}$

$\quad 2A_1 + 2B_1 + 2B_2$

$\Gamma - \Gamma$(轉動) $\quad \underline{B_1 \quad B_2}$

Γ(振動) $\quad 2A_1 + B_1 + B_2$

利用 $C_{\infty v}$ 與 C_{2v} 的相關性, 轉換為:

$\Gamma = 2\Sigma^+ + \Pi$

檢視特徵表, HCN 所有的振動模式均具紅外光與拉曼光譜活性。

9-5 內坐標分析

分子的內坐標 (internal coordinate) 包括建鍵長, 建角, 扭轉角,.. 等。利用內坐標分析分子的振動, 可幫助了解分子的振動型式。

[例題] 利用內坐標分析正八面體分子 AB_6 (如 SF_6) 的振動

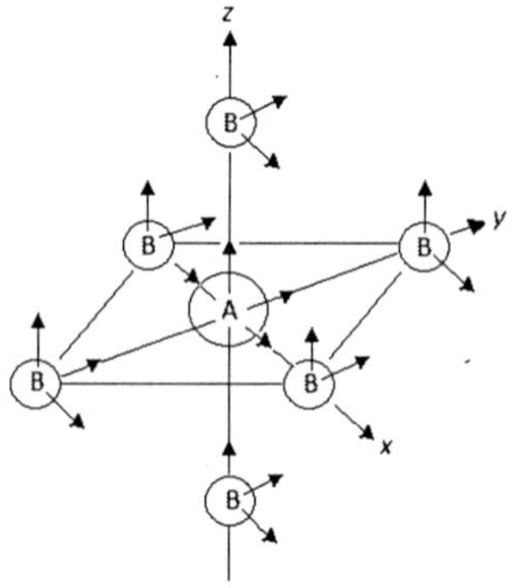

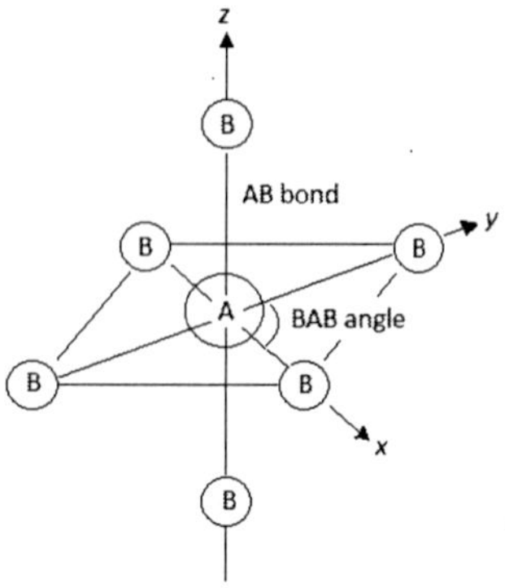

圖 9-9　AB_6 分子的原子移動向量與鍵長鍵角內坐標

分子的對稱群為 O_h.

以原子位移向量為基底, 的可約表象為:

O_h	E	$8C_3$	$6C_2$	$6C_4$	$3C_2(=C_4^2)$	i	$6S_4$	$8S_6$	$3\sigma_h$	$6\sigma_d$
Γ	21	0	-1	3	-3	-3	-1	0	5	3

$\Gamma =$　　$A_{1g} + E_g + T_{1g} + T_{2g} + 3T_{1u} + T_{2u}$

Γ - Γ(移動)　　T_{1u}

　　$A_{1g} + E_g + T_{1g} + T_{2g} + 2T_{1u} + T_{2u}$

Γ - Γ(轉動)　　T_{1g}

Γ(振動)　　$A_{1g} + E_g + T_{2g} + 2T_{1u} + T_{2u}$

紅外光活性模式: $2T_{1u}$

拉曼光譜活性模式: A_{1g} , E_g , T_{2g}

以 AB 鍵的內坐標為基底, 得可約表象:

O_h	E	$8C_3$	$6C_2$	$6C_4$	$3C_2(=C_4^2)$	i	$6S_4$	$8S_6$	$3\sigma_h$	$6\sigma_d$
Γ_{AB}	6	0	0	2	2	0	0	0	4	2

$\Gamma_{AB} = A_{1g} + E_g + T_{1u}$

以 BAB 鍵角的內坐標為基底, 得可約表象:

O_h	E	$8C_3$	$6C_2$	$6C_4$	$3C_2(=C_4^2)$	i	$6S_4$	$8S_6$	$3\sigma_h$	$6\sigma_d$
Γ_{BAB}	12	0	2	0	0	0	0	0	4	2

$\Gamma_{BAB} = A_{1g} + E_g + T_{2g} + T_{1u} + T_{2u}$

以內坐標分析可以更清楚的判別光譜峰所對應的振動模式。

[例題]　利用內坐標分析水分子 H_2O 的振動

以原子位移向量為基底, 的可約表象為:

C_{2v}	E	C_2	$\sigma(xz)$	$\sigma(yz)$
Γ	9	-1	3	1

$\Gamma = 3A_1 + A_2 + 3B_1 + 2B_2$

除去移動與轉動:

Γ(振動) $= 2A_1 + B_1$

所有的振動模式都具紅外光與拉曼光譜活性。

分別以 OH 鍵與 HOH 鍵角為基底, 的可約表象:

C_{2v}	E	C_2	$\sigma(xz)$	$\sigma(yz)$
Γ_{OH}	2	0	2	0
Γ_{HOH}	1	1	1	1

$\Gamma_{OH} = A_1 + B_1$

$\Gamma_{HOH} = A_1$

[例題] 利用內坐標分析 N_2F_2 的振動

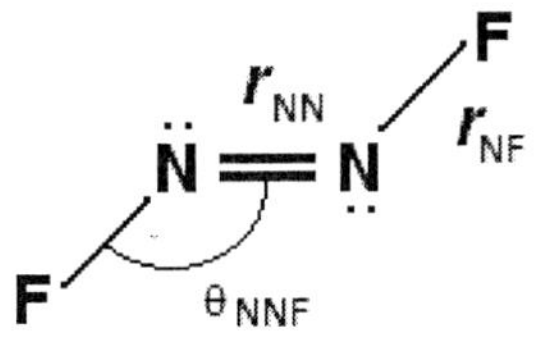

圖 9-10 N_2F_2 的內坐標

分子的對稱群為 C_{2h}.

以原子位移向量為基底, 的可約表象為:

C_{2h}	E	C_2	i	σ_h
Γ	12	0	0	4

$\Gamma = 4A_g + 2B_g + 2A_u + 4B_u$

Γ - Γ(移動) $\underline{\quad A_u + 2B_u}$

$$
\begin{array}{lll}
 & = 4A_g + 2B_g + & A_u + 2B_u \\
\Gamma - \Gamma(\text{轉動}) & \underline{A_g + 2B_g} & \\
\Gamma(\text{振動}) & 3A_g + & A_u + 2B_u
\end{array}
$$

紅外光活性: $A_u, 2B_u$

拉曼光譜活性: $3A_g$

分別以 NF 鍵, NN 鍵與 NNF 鍵角為基底, 得可約表象:

C_{2h}	E	C_2	i	σ_h
Γ_{NF}	2	0	0	2
Γ_{NN}	1	1	1	1
Γ_{NNF}	2	0	0	2

$\Gamma_{NF} = A_g + B_u$

$\Gamma_{NN} = A_g$ (A_g :拉曼光譜中頻率最大的譜峰)

$\Gamma_{NNF} = A_g + B_u$ (A_g : :拉曼光譜中頻率最小的譜峰)

利用投影運算子找出相對應的 SALC:

NF: $\frac{1}{\sqrt{2}}(r_1 + r_2)$ A_g

$\frac{1}{\sqrt{2}}(r_1 - r_2)$ B_u

NNF: $\frac{1}{\sqrt{2}}(\theta_1 + \theta_2)$ A_g

$\frac{1}{\sqrt{2}}(\theta_1 - \theta_2)$ B_u

9-6 拉曼光譜的特性

拉曼光譜最重要的特性為可以辨別全對稱振動模式。

檢視特徵表, 可知所有的群的全對稱表象 A, A_1, A_{1g} 等對應的二次函數為 (x^2, y^2, z^2) 或 $x^2 + y^2 + z^2$。

全對稱表象對應的振動模式必具備拉曼光譜活性。

[例題] 試判定 D_3 群分子中全對稱表象振動模式的光譜活性

在 D_3 群中, x^2+y^2, z^2 為全對稱表象 A_1 的基底, 但 x, y, z 不為 A_1 的基

底。故 A_1 僅具拉曼光譜活性而無紅外光活性。

拉曼散射實驗中，利用偏極光 (polarized light) 可判別全對稱振動模式。下圖為典型拉曼偏光實驗的裝置。入射光沿著 x 方向，在 y 方向收集散射光。 利用屏幕上的狹縫可分辨 $I_{\parallel}$ 與 $I_{\perp}$ 光。

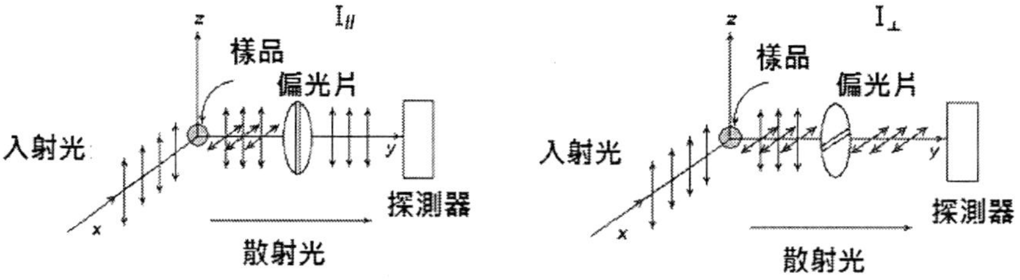

圖 9-11 典型拉曼偏光實驗的裝置

$I_{\perp}$ 與 $I_{\parallel}$ 的比值稱為去極化率 (depolarization ratio):

$\rho = I_{\perp} / I_{\parallel}$

散射理論可得到下列拉曼偏光實驗的結果:

1. 全對稱振動模式度量的 ρ 值均小於 3/4, $0 < \rho < 3/4$。
2. 非全對稱振動模式度量的 ρ 值均為 3/4 。

對具高對稱性的分子, 實際測量的實驗 ρ 值近乎零 $\rho \sim 0$.

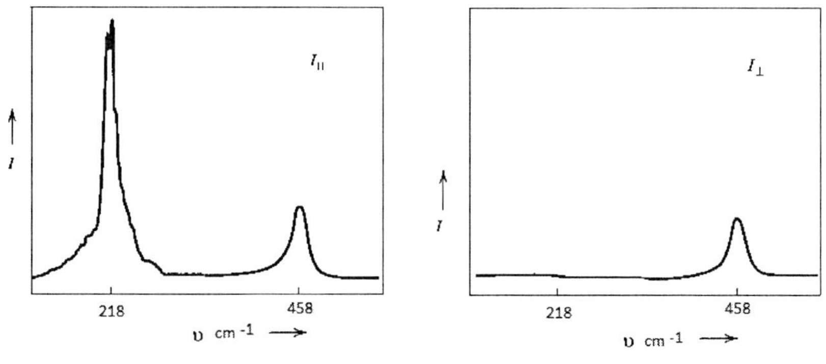

圖 9-12 CCl_4 的拉曼偏光實驗光譜

圖 9-12 為高對稱性分子 CCl_4 的拉曼偏光實驗光譜。由光譜可知全對稱振動模式的頻率為 218 cm^{-1}。

第十章　過渡金屬錯化合物的場論

10-1 原子的電子角動量與譜項

最簡單的單電子原子為氫原子,僅含有一個電子。其電子的波函數為:

$$\Psi(r,\theta,\phi) = R_n^{\ell}(r)\cdot Y_{\ell}^{m}(\theta,\phi) = R_n^{\ell}(r)\Theta_{\ell,m}(\theta)\Phi_m(\phi)$$

$R(r)$ 為徑向函數, $\Theta(\theta)$ 與 $\Phi(\phi)$ 為角函數。

n 為主量子數 (principle quantum number): $n = 1, 2, 3,....$。
ℓ 為角量子數 (angular quantum number): $\ell = 0, 1, 2, 3, ..., n - 1$
m 為磁量子數 (magnetic quantum number): $m = -\ell, -\ell+1, \cdots, 0, \cdots, \ell-1, \ell$

習慣上, 以英文字母表示不同角量子數 ℓ 的波函數:

ℓ =	0	1	2	3	4	5	6	…
	s	p	d	f	g	h	i	…

依據量子力學, 電子在不同的軌域出現, 具有不同的角動量, 稱為軌域角動量 (orbital angular momentum), 其大小為:

$$|\vec{\ell}| = \sqrt{\ell(\ell+1)}\hbar \qquad (\hbar = h/2\pi)$$

軌域角動量的 z 方向分量合於量子化的條件:

$\ell_z = m\hbar$
$m = -\ell, -\ell+1, ..., 0, ..., \ell-1, \ell$
共有 $2\ell+1$ 個分量

下圖顯示 $\ell = 2$ 的軌域角動量:

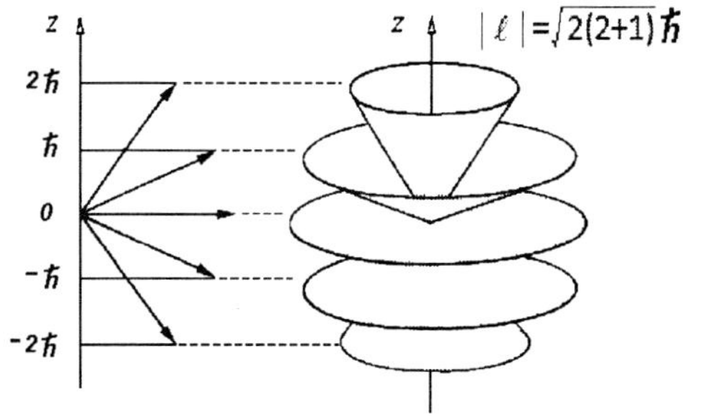

圖 10-1　$\ell = 2$ 的軌域角動量

圖中顯示, 軌域角動量沿著 z 軸總共有 $2\ell + 1$ 不同的位向。

除了軌域角動量外, 軌域中的電子具有自旋角動量。電子自旋的量子數為 $s = \frac{1}{2}$, 電子自旋角動量 (spin angular momentum) 的大小為

$$|\bar{s}| = \sqrt{s(s+1)}\hbar = \sqrt{\frac{1}{2}(\frac{1}{2}+1)} = \frac{\sqrt{3}}{2}\hbar$$

電子自旋角動量的 z-分量也合於量子化的條件:

$$s_z = m_s\hbar$$

$$m_s = \frac{1}{2}, \ -\frac{1}{2}$$

分別稱為 α 自旋與 β 自旋, 共有 2 個 z-分量。

對單電子原子而言, 主量子數 n 相同的狀態, 能量均相等。這些狀態為簡併 (degenerate) 狀態, 如 $2s$ 與 $2p$; $3s$ 與 $3p, 3d$ 能量相同。

比照單電子原子, 多電子原子的總軌域角動量 $\bar{L}$ 為:

$$\bar{L} = \bar{\ell}_1 + \bar{\ell}_2 + ...$$

$$|\bar{L}| = \sqrt{L(L+1)}\hbar$$

L; 為軌域角動量的角量子數。

總軌域角動量 $\bar{L}$ 的 z 分量合於量子化的條件:

$L_z = M_L \hbar$

$M_L = -L, -L+1, \ldots, 0, \ldots L-1, L$ ($2L+1$ 分量)

$M_L = m_1 + m_2 + \ldots$ (各電子軌域角動量的 z 分量量子數的和)

總自旋角動量 $\vec{S}$ 為電子自旋角動量的和:

$\vec{S} = \vec{s}_1 + \vec{s}_2 + \ldots$

$\vec{S}$ 的大小為:

$$\left|\vec{S}\right| = \sqrt{S(S+1)}\hbar$$

S: 為總自旋角動量的量子數

$\vec{S}$ 的 z 分量合於量子化的條件:

$S_z = M_S \hbar$

$M_S = -S, -S+1, \ldots, 0, \ldots S-1, S$ (共有 $2S+1$ 個分量)

不同的角動量 (包括軌域角動量與自旋角動量) 狀態對應不同的能量, 一般以 "譜項" (Term symbol)描述:

$$^{2S+1}L_J$$

L 為總軌域角動量的量子數, 上標 $2S+1$ 稱為重覆度 (multiplicity), 下標 J 是總角動量的量子數:

$$\vec{J} = \vec{L} + \vec{S}$$

總角動量合於量子化的條件, 其大小為:

$$\left|\vec{J}\right| = \sqrt{J(J+1)}\hbar$$

總角動量量子數 J 可能的值為:

$$L+S, L+S-1, \ldots, |L-S|$$

與 ℓ 一致, 不同 L 的譜項符號為:

L =	0	1	2	3	4	5	6	…
	S	P	D	F	G	H	I	…

[例題] 找出 p^1 電子組態對應的譜項

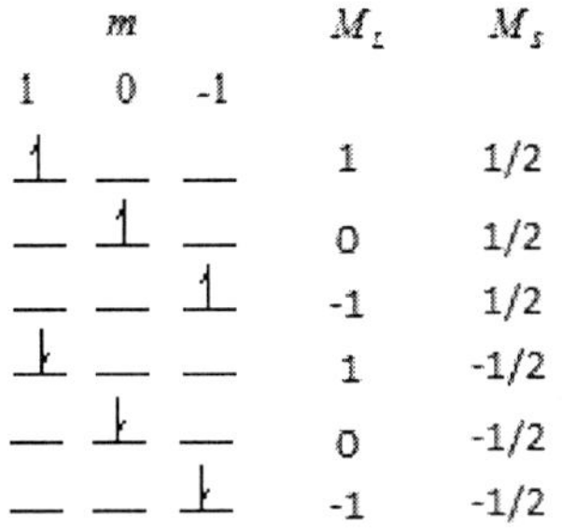

圖 10-2 一個電子在 3 個 p 軌域可能的排列

M_L 的最大值為 1 與其對應的 $M_S = 1/2$
$M_L = 1$ 表示 $L = 1$ 有 z-分量 ($M_L = 1,0,-1$),
$M_S = 1/2$ 表示 $S = 1/2$ 有 z-分量 ($M_S = 1/2,-1/2$)
共有 6 個微狀態 (microstates)

對應的譜項為: ^2P. (若考慮 J 則有; $^2P_{3/2}$ and $^2P_{1/2}$)

[例題] 找出 p^2 電子組態對應的譜項

m_l				
1	0	-1	M_L	M_S
↑ ↓			2	0
	↑ ↓		0	0
		↑ ↓	-2	0
↑	↑		1	1
↑		↑	0	1
	↑	↑	-1	1
↓	↓		1	-1
↓		↓	0	-1
	↓	↓	-1	-1
↑	↓		1	0

↑		↓	0	0
	↑	↓	-1	0
↓	↑		1	0
↓		↑	0	0
	↓	↑	-1	0

圖 10-3 2 個電子在 3 個 p 軌域的排列

共有 15 個微狀態:

(1) 最大的 M_L 為 2, 表示 $L = 2$, z-分量為 ($M_L = -2,-1,0,1,2$),
對應的 $M_S = 0$, 表示 $S = 0$, 為 ^1D 譜項 (共有 5 個微狀態):

$J = 2$, $^1D_2$.

(2) 扣除上 5 個微狀態, 最大的 $M_L = 1$ 對應於 $M_S = 1$, 表示 $L = 1$, z-分量為 ($M_L = -1,0,1$), $S = 1$, z-分量為 ($M_S = -1,0,1$),
對應於 ^3P 譜項 (共有 9 個微狀態):

$J = 2, 1, 0$, $^3P_2, {}^3P_1, {}^3P_0$.

(3) 扣除 (1)(2) 的微狀態, 僅餘 $M_L = 0, M_S = 0$, 對應於 ^1S 譜項:

$J = 0$, $^1S_0$.

p^2 電子組態對應的譜項中能量最低的譜項為 $^3P_2$.

表 10-1 列出 d^n 組態對應的譜項。

表 10-1 d^n 組態對應的譜項

d^1	^2D				
d^2	$^1(S, D, G)$	$^3(P, F)$			
d^3	^2D	$^2(P, D, F, G, H)$	$^4(P, F)$		
d^4	$^1(S, D, G)$	$^3(P, F)$	$^1(S, D, F, G, I)$	$^3(P, D, F, G, H)$	^5D
d^5	^2D	$^2(P, D, F, G, H)$	$^4(P, F)$	$^2(S, D, F, G, I)$	$^4(D,G)$
	^6S				
d^6	與 d^4 相同				
d^7	與 d^3 相同				

d^8 與 d^2 相同
d^9 與 d^1 相同
d^{10} ^1S

10-2 *d*-軌域與譜項在化學環境中的分裂

AB_n 形成的配位化合物為中心的 A 離子與週邊的 B 原子(或基團)形成配位鍵結。中心 A 原子受環境的影響, 其 d 軌域不再簡併, 而分裂成不同的能量狀態。*d*-軌域在化學環境中的分裂依分子的形狀而定。

檢視特徵表, 可找出 *d*-軌域在化學環境中的分裂情形。例如, O_h 的特徵表顯示 d 軌域在八面體 (octahedral) 環境下的分裂:

依據特徵表 $(d_{z^2}, d_{x^2-y^2})$ 的對稱性為 E_g 而 (d_{xz}, d_{yz}, d_{xy}) 的對稱性為 T_{2g}.

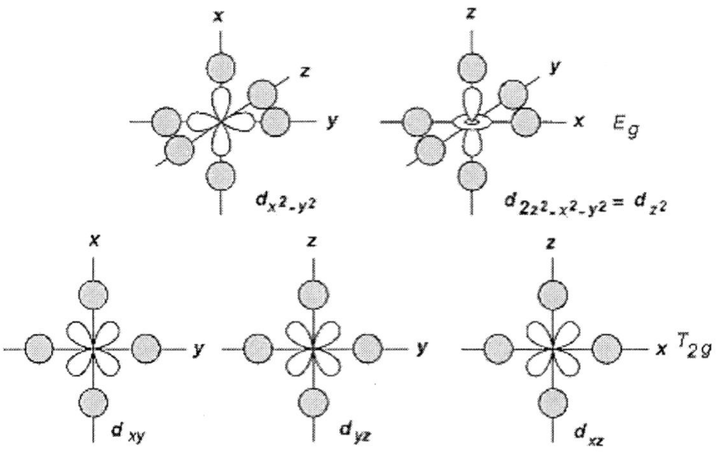

圖 10-4 d 軌域在 O_h 環境的分裂

因配位基團或原子的電子與金屬離子的電子相斥, 故 O_h 環境下 T_{2g} 的斥力小於 E_g, 故 T_{2g} 軌域的能量低於 E_g 軌域的能量。

研究 *d*-軌域在化學環境中的分裂更簡單的方法是以所屬群的純旋轉子群與波函數中角函數 $\Phi(\phi)$ 處理這樣的問題:

原子軌域波函數包含三個部份: $\psi(r,\theta,\phi) = R_n^{\ell}(r)\Theta_{\ell,m}(\theta)\Phi_m(\phi)$

下圖顯示球型極坐標 (r,θ,ϕ) 的定義:

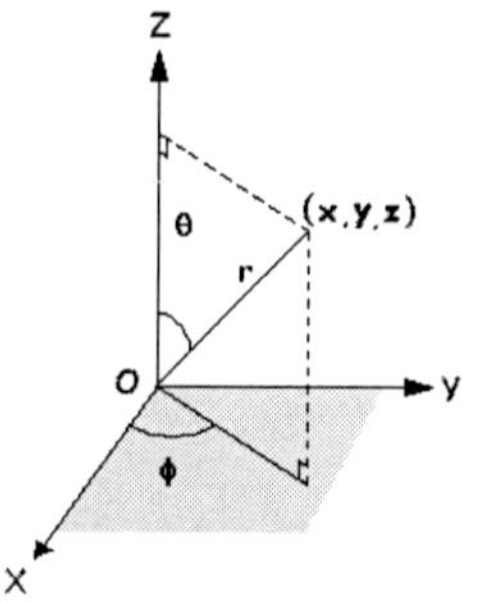

圖 10-5 球型極坐標 (r,θ,ϕ)

若繞著 θ 對應的軸轉動 (圖中的 z 軸), $R(r)$ 與 $\Theta(\theta)$ 不會改變, 波函數只有$\Phi(\phi)$ 會變化。

$$\Phi_m(\phi)=e^{im\phi}$$

d 軌域對應的 $m=-2,-1,0,1,2$ 。以一組 $e^{im\phi}$ 為基底, 繞 z 軸旋轉 α 相當於將 ϕ 變為 $\phi+\alpha$:

$$\begin{bmatrix} e^{2i\phi} \\ e^{i\phi} \\ e^{0} \\ e^{-i\phi} \\ e^{-2i\phi} \end{bmatrix} \xrightarrow{\hat{C}(\alpha)} \begin{bmatrix} e^{2i(\phi+\alpha)} \\ e^{i(\phi+\alpha)} \\ e^{\alpha} \\ e^{-i(\phi+\alpha)} \\ e^{-2i(\phi+\alpha)} \end{bmatrix}$$

對應的旋轉矩陣為:

$$\hat{C}(\alpha)=\begin{bmatrix} e^{2i\alpha} & 0 & 0 & 0 & 0 \\ 0 & e^{i\alpha} & 0 & 0 & 0 \\ 0 & 0 & e^{\alpha} & 0 & 0 \\ 0 & 0 & 0 & e^{-i\alpha} & 0 \\ 0 & 0 & 0 & 0 & e^{-2i\alpha} \end{bmatrix}$$

同理, 以量子數為 ℓ 的 $2\ell+1$ 個不同的 m 軌域為基底, 對應的旋轉矩陣為:

$$\hat{C}(\alpha)=\begin{bmatrix} e^{\ell i\alpha} & 0 & 0 & \cdots & \cdots & \cdots & \cdots \\ 0 & e^{i(\ell-1)\alpha} & 0 & \cdots & \cdots & \cdots & \cdots \\ 0 & 0 & \cdots & 0 & \cdots & \cdots & \cdots \\ \cdots & \cdots & 0 & e^{0} & 0 & \cdots & \cdots \\ \cdots & \cdots & \cdots & 0 & \cdots & \cdots & \cdots \\ \cdots & \cdots & \cdots & \cdots & 0 & e^{-i(\ell-1)\alpha} & 0 \\ \cdots & \cdots & \cdots & \cdots & 0 & 0 & e^{-i\ell\alpha} \end{bmatrix}$$

此矩陣的特徵值為: $\chi(\alpha)=\dfrac{\sin(\ell+\frac{1}{2})\alpha}{\sin\frac{1}{2}\alpha}\quad(\alpha\neq 0)$

依此，對應於 d 軌域 $(\ell=2)$ 的旋轉矩陣的特徵值為:

$$\chi(\alpha)=\frac{\sin(2+\frac{1}{2})\alpha}{\sin\frac{1}{2}\alpha}=\frac{\sin\frac{5}{2}\alpha}{\sin\frac{1}{2}\alpha}$$

表 10-2 列出對應於 d 軌域的轉動矩陣 $\hat{C}_n(\alpha)$ 的特徵值。

表 10-2 對應於 d 軌域的轉動矩陣 $\hat{C}_n(\alpha)$ 的特徵值

C_n	α	χ(α)
C_2	180°	-1
C_3	120°	1
C_4	90°	1

若 $\alpha=0$, $e^{in\alpha}=1$，則對應於量子數 ℓ 的轉動矩陣的特徵值為 $2\ell+1$。

利用 O_h 與純旋轉群 O 的關聯性，以 d 軌域為基底的可約表象為:

O	E	$8C_3$	$3C_2(=C_i)$	$6C_4$	$6C_2$
Γ	5	-1	1	-1	1

$\Gamma=E+T_2$

在O_h群中, d 軌域的對稱性均為 “g”, 故 d 軌域在 O_h 環境下分裂為:

$$\Gamma = E_g + T_{2g}$$

[例題] 試找出 $\ell = 4$ 軌域在正八面體環境下的分裂情形

以 $\ell = 4$ 軌域為基底, 在純旋轉群 O 中得可約表象為:

O	E	$8C_3$	$3C_2(=C_4^2)$	$6C_4$	$6C_2$
Γ	9	0	1	1	1

$$\Gamma = A_1 + E + T_1 + T_2$$

在O_h群中, 量子數 ℓ 為偶數的軌域的對稱性均為 “g”, 故 $\ell = 4$ 軌域在 O_h 環境下分裂為:

$$\Gamma = A_{1g} + E_g + T_{1g} + T_{2g}$$

表 10-3 列出量子數 ℓ 的軌域在正八面體環境下的分裂情形:

表 10-3 量子數 ℓ 的軌域在正八面體環境下的分裂情形

	ℓ	$\chi(E)$	$\chi(C_2)$	$\chi(C_3)$	$\chi(C_4)$	O_h
s	0	1	1	1	1	a_{1g}
p	1	3	-1	0	1	t_{1u}
d	2	5	1	-1	-1	e_g+t_{2g}
f	3	7	-1	1	-1	$a_{2u}+t_{1u}+t_{2u}$
g	4	9	1	0	1	$a_{1g}+e_g+t_{1g}+t_{2g}$
h	5	11	-1	-1	1	$e_u+2t_{1u}+t_{2u}$
i	6	13	1	1	-1	$a_{1g}+a_{2g}+e_g+t_{1g}+2t_{2g}$

在化學環境中, L 譜項的分裂情形與 ℓ 軌域的分裂情形相同。

D 譜項在 O_h 環境的分裂與 d 軌域在 O_h 環境的分裂相同:

$$D = E_g + T_{2g}$$

譜項受環境影響分裂時，其重覆度維持不變

例如 d^3 組態的自由離子的譜項為:

^2D,　^2P,　^2F,　^2G,　^2H, ^4P, ^4F

依表 10-3, 在 O_h 環境下, 這些譜項的分裂為:

$^2H \rightarrow {}^2E_g + 2{}^2T_{1g} + {}^2T_{2g}$

$^2F \rightarrow {}^2A_{2g} + {}^2T_{1g} + {}^2T_{2g}$　　　$^4F \rightarrow {}^4A_{2g} + {}^4T_{1g} + {}^4T_{2g}$

$^2D \rightarrow {}^2E_g + {}^2T_{2g}$

$^2P \rightarrow {}^2T_{1g}$　　　$^4P \rightarrow {}^4T_{1g}$

$^2G \rightarrow {}^2A_{1g} + {}^2E_g + {}^2T_{1g}$

10-3 能階相關圖

譜項為無環境作用的自由離子的能量狀態。當離子與配位原子或基團作用時, 譜項隨著化學環境而分裂。這種狀態為弱相互作用狀態, 稱離子處於弱作用場 (weak field) 中。 例如, d^2 組態的自由離子, 其對應的譜項依能量遞升順序為:

^3F　^1D　^3P　^1G　^1S

若此離子處於正八面體的環境中, 離子與配位原子或基團作用, 譜項產生分裂:

$^3F \rightarrow {}^3A_{2g} + {}^3T_{1g} + {}^3T_{2g}$

$^1D \rightarrow {}^1E_g + {}^1T_{2g}$

$^3P \rightarrow {}^3T_{1g}$

$^1G \rightarrow {}^1A_{1g} + {}^1E_g + {}^1T_{1g}$

$^1S \rightarrow {}^1A_{1g}$

若金屬離子與配位基團或原子的作用非常強, 金屬離子與配基團或原子形成鍵結的配位化合物, 則金屬離子的 d 軌域分裂成 T_{2g} 與 E_g:

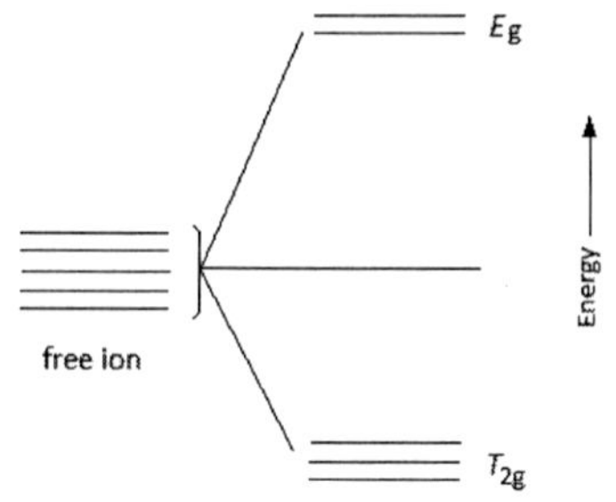

圖 10-6　*d* 軌域在 O_h 環境下的分裂能階

兩個電子填入如上分裂的能階有下列組態:

T_{2g}^2　　$T_{2g}E_g$　　E_g^2

即兩個電子都填在 T_{2g}, 或一個在 T_{2g}, 另一個在 E_g, 或兩個電子都在 E_g。此時離子處在非常強的作用場下, 或稱與配位基團或原子產生無限大的作用 "infinite strong interaction"。

若離子與配位基團或原子的作用減弱, 較無限大的作用弱, 但仍然有很強的作用, 則上述三種能階狀態 (T_{2g}^2, $T_{2g}E_g$, E_g^2) 會分裂, 分裂的能階可以利用直接乘積求出:

T_{2g}^2 :　$T_{2g} \times T_{2g} \rightarrow A_{1g} + E_g + T_{1g} + T_{2g}$

$T_{2g}E_g$:　$T_{2g} \times E_g \rightarrow T_{1g} + T_{2g}$

E_g^2 :　$E_g \times E_g \rightarrow A_{1g} + A_{2g} + E_g$

因為只有兩個電子, 上面各能態的重覆度只能是單線態 (singlet) 2S+1 = 1, 或三重態 (triplet) 2S + 1 = 3。

1. 先考慮由 T_{2g}^2 分裂的能態的重覆度:

   T_{2g} 為三重簡併的表象, T_{2g}^2 組態為將 2 個電子填入三個簡併的軌域中, 每個電子可能為向上自旋 (spin up, m_s = 1/2) 或向下自旋 (spin down, m_s = -1/2)。此狀況相當於在 6 個盒中填入電子, 如下圖:

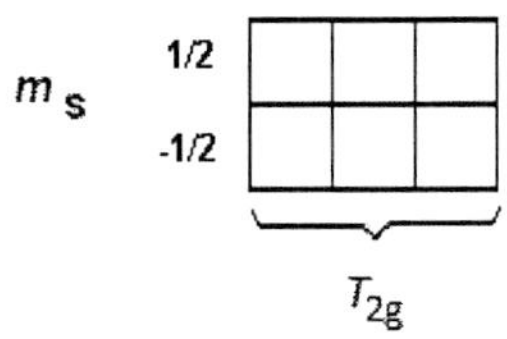

圖 10-7 在 T_{2g} 中填入 2 個電子

在 6 個盒中填入 2 個電子的方法, 共有:

$C(6, 2) = 6! / (6 - 2)! = 6 \times 5 = 30$

但電子是不可分變 (indistinguishable)的, 因此共有 30 / 2 = 15 種方法。意即, $T_{2g}{}^2$ 的簡併度為 = 15。圖 10-8 顯示將兩個電子填入 T_{2g} 的 15 種方法。

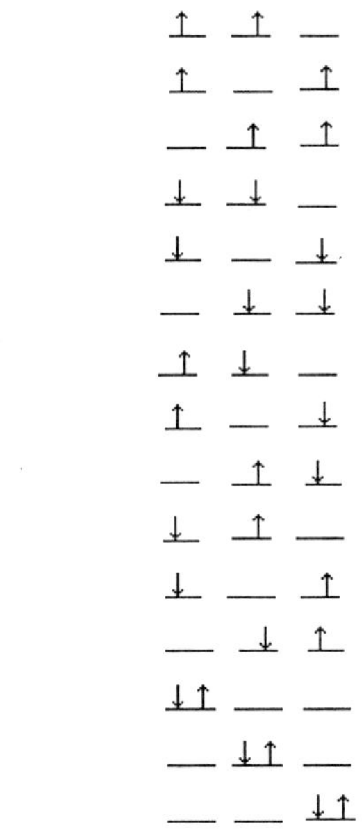

圖 10-8 將 2 個電子填入 T_{2g} 的 15 種排法

當作用場減弱, $T_{2g}{}^2$ 分裂成能態: A_{1g}, E_g, T_{1g}, T_{2g}, 但總簡併度仍然不變, 還是 15。此種關係寫成:

$T_{2g} \times T_{2g} \rightarrow {}^aA_{1g} + {}^bE_g + {}^cT_{1g} + {}^dT_{2g}$

重覆度意義為排列電子的方法。將重覆度乘以表象的階數的總和為總簡併度:

$$\underset{(A)}{a \times \underline{1}} + \underset{(E)}{b \times \underline{2}} + \underset{(T)}{c \times \underline{3}} + \underset{(T)}{d \times \underline{3}} = 15$$

因重覆度只能為 1 或 3, 解上方程式, 可能的 a, b, c, d 值為:

I　$a = 1,\quad b = 1,\quad c = 1,\quad d = 3$

II　$a = 1,\quad b = 1,\quad c = 3,\quad d = 1$

III　$a = 3,\quad b = 3,\quad c = 1,\quad d = 1$　　(1)

2. 考慮由 E_g^2 分裂的能態的重覆度:
同理, E_g^2 的簡併度為將 2 個電子填入 4 個盒中, 共有 $4 \times 3 / 2 = 6$ 種方法。簡併度的方程式為:

$$E_g \times E_g \rightarrow {}^{e}A_{1g} + {}^{f}A_{2g} + {}^{g}E_g$$

$$\underset{(A)}{e \times \underline{1}} + \underset{(A)}{f \times \underline{1}} + \underset{(E)}{g \times \underline{2}} = 6$$

可能的 e, f 與 g 值為:

I　$e = 1,\quad f = 3,\quad g = 1$

II　$e = 3,\quad f = 1,\quad g = 1$　　(2)

3. 考慮由 $T_{2g}E_g$ 分裂的能態的重覆度:
$T_{2g}E_g$ 組態為將一個電子填入三重簡併的 T_{2g} 中 (6 種方法) 與將另一個電子填入二重簡併的 E_g 中 (4 種方法)。電子的自旋沒有任何限制, 每個電子都可以是自旋向上, 或自旋向下。因此, 共有 $6 \times 4 = 24$ 種排列電子的方法。由直接乘積找出 $T_{2g}E_g$ 分裂的能態為

$$T_{2g} \times E_g = T_{1g} + T_{2g}$$

但每一分裂能態的重覆度都可能為 1 或 3。因此, 得:

$$T_{2g} \times E_g \rightarrow {}^{3}T_{1g} + {}^{1}T_{1g} + {}^{3}T_{2g} + {}^{1}T_{2g}$$

依照上述的推導，能態在各種強度的作用場下的分裂情形如下圖:

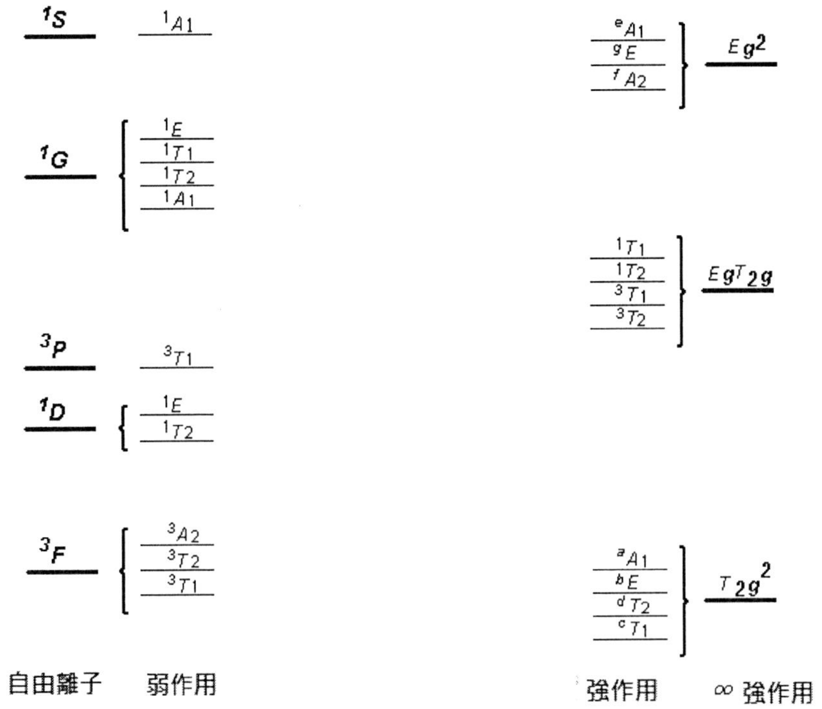

圖 10-9 在 O_h 環境下, d^2 組態的分裂能階圖

圖中，將能態的下標 "g" 省略。此圖顯示能態的能量隨著作用場的大小而改變。但對稱性不隨作用場的變化而變化。意即，左邊弱作用場下的能態與右邊強作用場下的能態存在一對一的相互關係，只是能量高低改變而已。

將圖中左右兩邊的能態相關聯需符合不超越定律 (non-crossing rule):
當作用場的強度改變，相同重覆度與相同對稱性的能態不可交叉超越，如下圖所示。

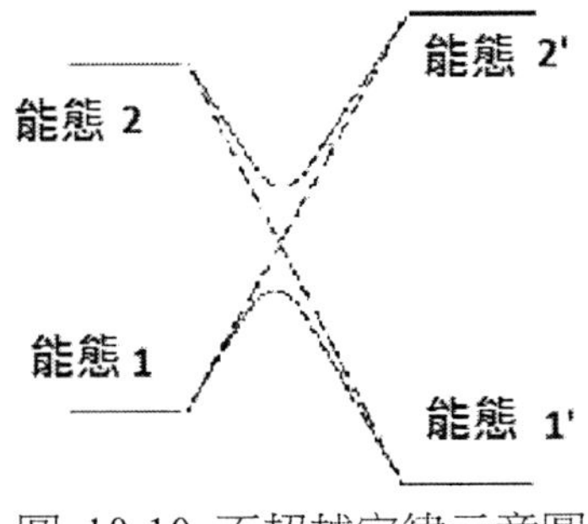

圖 10-10 不超越定律示意圖

依此定律, 弱場中唯一的 $^3A_2$ 必與強場中的 A_2 相關聯, 故強場中 A_2 的重覆度為 3。因此, 在 (2) 中, 強場的重覆度為 $f=3$, $e=1$, $g=1$。

同理, 弱場下有兩個 $^1A_1$, 因已知 $e=1$, 故由 (1) 得強場下, $a=1$。 弱場下有兩個 $^3T_1$, 因 $a=1$, 故得 $c=3$, $b=1$, $d=1$。

將左右的能態相關聯, 得能態能階相關圖:

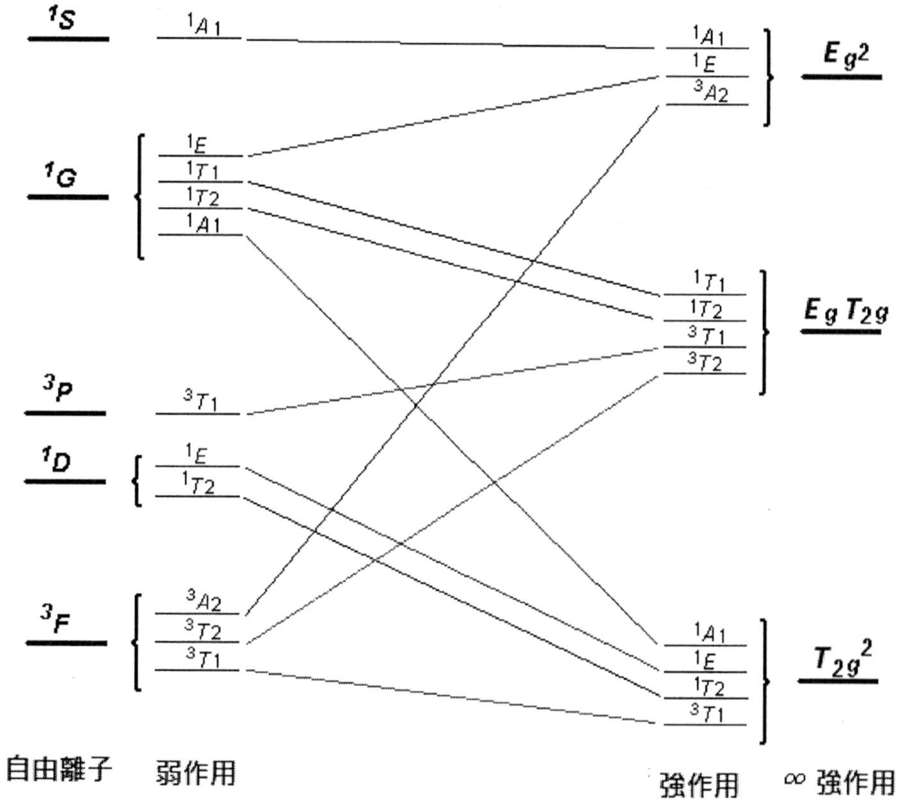

圖 10-11 在 O_h 環境下, d^2 組態能階相關圖

此圖顯示各能態的能量隨作用場的改變而改變。作用場源於金屬離子與配位基團或原子的作用。

10-4 金屬配位化合物可見光吸收光譜

過渡金屬離子與配位基團形成的化合物最明顯的特性是這些化合物多為有顏色的化合物。這些化合物呈現顏色是由於其基態吸收了可見光頻率範圍的光波,而由基態躍遷至某激發態所致。金屬配位化合物的電子組態主要是根據金屬離子的 *d* 軌域電子的排列所產生的, 可見光的吸收是由於 *d* 軌域電子的躍遷所造成的, 這種躍遷稱為 *d-d* 轉移 (*d-d* transition)。未被吸收的頻率則穿透出, 造成肉眼所見的顏色。

可見光的吸收遵循 Beer 定律:

$$A = \log(I / I_0) = \varepsilon cb$$

式中, A 為吸收度 (absorbance), I_0 為入射光的強度, I 為穿透光的強度, ε 是莫耳吸收係數 (molar absorptivity), c 是溶液的莫耳濃度, b 是樣品槽的長度。圖 10-12 為 $[Ti(H_2O)_6]^{3+}$ 配位化合物水溶液的可見光吸收光譜。

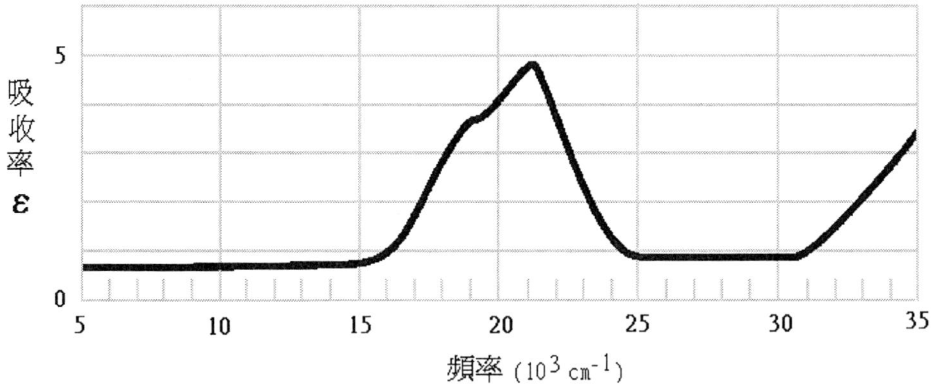

圖 10-12 $Ti(H_2O)_6]^{3+}$ 配位化合物水溶液的可見光吸收光譜

T_i^{3+} 離子的電子組態為 d^1, 圖中顯示最大值吸收峰的頻率約為 21,500 cm^{-1}, 相當於綠光。可穿透的頻率為紅色與較少的藍色, 這兩種顏色結合使 Ti^{3+} 溶液呈現紫色。

10-6 金屬配位化合物的選擇定律

以可見光光譜偵測的吸收表示電子的轉移是被允許的轉移 (transition allowed), 否則為禁止的轉移 (transition forbidden)。電子躍遷是否為允許的轉移或是禁止的轉移可根據如下的選擇定律判定:

1. LaPorte 規則. 若系統具有對稱中心, 則對稱性相同的狀態間的轉移是被禁止的, 例如 ($g \to g, u \to u$) 等; 但對稱性不同的狀態間的轉移是被允許的, 例如 ($g \to u, u \to g$) 等。

2. 自旋重覆度不同的組態間的電子轉移是被禁止的。電子轉移只能發生在相同自旋重覆度的組態間。這表示沒有如 ${}^1A_g \to {}^3T$ 之類的轉移發生。

如果依循此規則, 任何正八面體的錯化合物都具有對稱中心, 其 d 軌域對應的表象均為 "g"。因此, 應無可見光的吸收。但事實上, 這些錯化合 物都 有非常特定的顏色。利用對稱性可以解釋此一矛盾的現象。

具對稱中心的配位化合物

依 Born Oppenheimer 的近似法則,分子的內能可近似為

$$E_{\text{int}} = E_{rot} + E_{vib} + E_{elec}$$

式中, E_{rot}, E_{vib}, E_{elec} 分別為轉動, 振動與電子的能量。此式表示分子的波函數可以寫成對應這三種能量波函數的乘積

$$\Psi = \psi_r \psi_v \psi_e$$

通常金屬配位化合物的吸收光譜是由於電子基態 ψ_e 至激發態 ψ_e' 間的躍遷。可見光光譜的吸收峰的強度可由光譜強度的公式得:

$$I \;\propto\; \int \psi_e \mu_\alpha \psi_e' d\tau, \qquad \alpha = x, y, z$$

式中, μ_α 為電子偶極矩分量運算子。若此積分不等於零表示具有光譜吸收峰, 這樣的電子轉移是被允許的。反之, 若積分等於零則無可見光的吸收, 這樣的電子轉移是被禁止的。

具對稱中心的錯化合物例如 O_h, D_{4h} 等, 其中心金屬離子的 d 軌域具有對稱中心, 所以 d 軌域的對稱性在所屬的群中必為 g。當金屬配位化合物 d 軌域的電子被光激發,基態與激發狀態的波函數 ψ_e, ψ_e' 其對稱性均為 g。而偶極矩 μ_α 的對稱性與 x, y, z 相同, 在所屬群中的對稱性均為 u, 故偶極矩積分的對稱性為

$$g \times u \times g = u$$

依此，偶極矩積分元素的對稱性必為 u 對稱，不可能含有全對稱如 A_g, A_{1g} 等表象，偶極矩的積分值必為零。這表示金屬離子之 d 軌域之間的躍遷轉移，或 d^n 組態在具有對稱中心的環境中各狀態間的轉移，其光譜強度應為零。
實際上，光譜中依然可觀測到這些轉移的微弱信號，其強度約為一般對稱允許的躍遷強度的千分之一。依據 Van Vleck 所提出的理論可解釋此現象,。

Van Vleck 認為在具對稱中心的錯化合物中，其光譜強度的積分式中，應一併考慮電子與振動的波函數，而非僅考慮電子的波函數。此說法的物理意義為因為分子的振動，造成分子的扭曲，破壞了對稱中心的對稱性，而導致 d^n 組態的對稱性不再全為 g 對稱，容許一些較弱的轉移發生。以圖形舉例表示如下。圖 10-13 為正八面體分子的 T_{1u} 及 T_{2u} 等正則振動模式。此圖顯示分子振動發生扭曲，對稱性發生變化，不再具 "g" 對稱性。

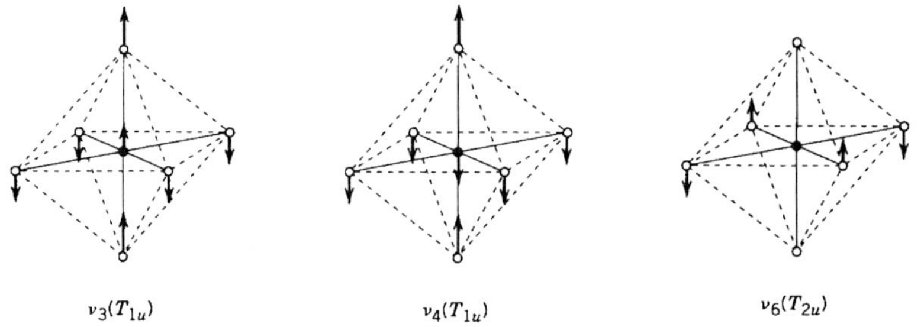

圖 10-13 正八面體分子的 T_{1u} 及 T_{2u} 等正則振動模式

依照 Van Vleck 提出的理論,將振動的波函數與電子波函數一併代入偶極矩的積分式，得

$$I \sim \int (\psi_e \psi_v) \mu_\alpha (\psi_e' \psi_v') d\tau , \quad \alpha = x, y, z$$

式中，ψ_v 與 ψ_v' 為振動的基態與激發態的波函數。
因 ψ_v 為全對稱函數，故$\psi_e \psi_v$ 的對稱性與 ψ_e 相同。判定積分值是否為零時只需考慮如 $\psi_e x \psi_e' \psi_v'$，$\psi_e y \psi_e' \psi_v'$，$\psi_e z \psi_e' \psi_v'$ 的直接乘積簡化後是否含有全對稱的最簡表象即可。由直接乘積的性質知這相當於檢查如 $\psi_e(x,y,z)\psi_e'$ 等的直接乘積是否包含 ψ_v' 的表象。若$\psi_e(x,y,z)\psi_e'$ 的直接乘積包含 ψ_v' 的表象，則偶極矩的積分值不為零，光譜強度不為零，反之，則不可能產生可偵測的躍遷。

$[Ti(H_2O)_6]^{3+}$ 分子的水溶液於可見光範圍的吸收峰，莫耳吸收係數 $\varepsilon \le 5$。Ti^{3+} (d^1 組態) 含有一個電子，形成的譜項自旋重覆度為 2 ($S = 2, p$ 譜項)。由前面章節所討論的 d^1 電子組態在 O_h 環境中的能階圖可知，電子基態波函數對稱性為 $^2T_{1g}$，激發態為 ^2E_g。因 (x, y, z) 在 O_h 群中的對稱性為 T_{1u}，故由基態至激發態的轉移 $T_{1g} \rightarrow E_g$ 是否為可允許的躍遷，需檢 驗直接乘積 $(\psi_e(x,y,z)\psi_e')$ 的對稱性:

$$\Gamma = T_{1g} \times T_{1u} \times E_g$$

O_h	E	$8C_3$	$6C_2$	$6C_4$	$3C_2$	i	$6S_4$	$8S_6$	$3\sigma_h$	$6\sigma_d$
Γ	18	0	0	0	2	-18	0	0	-2	0

$$\Gamma(T_{1g} \times T_{1u} \times E_g) = A_{1u} + A_{2u} + 2E_u + 2T_{1u} + 2T_{2u}$$

因此，若振動激發態 ψ_v' 的對稱性屬於以上的任何一個最簡表象，則 $(\psi_e(x,y,z)\psi_e')\,\psi_v'$ 的直接乘積即含有全對稱的表象，偶極矩的積分式不為零，而產生 $T_{1g} \rightarrow E_g$ 的轉移。

正八面體的正則振動模式的對稱性為:

$$A_{1g}, E_g, 2T_{1u}, T_{2g}, T_{2u}$$

$(\psi_e(x,y,z)\psi_e')$ 與 ψ_v' 中均有 T_{1u} 及 T_{2u}，因此，可產生 $T_{1g} \rightarrow E_g$ 的 $d-d$ 轉移。這樣的轉移因電子的波函數與振動的波函數偶合而產生，稱為"振電偶合" (vibronic coupling)。

10-7 振電極化

具高度對稱性的群如 O_h 群，其 x, y, z 在群中的對稱性為 T_{1u}，屬於 3 階簡併的最簡表象，這表示 x, y, z 方向在 O_h 群中等價。因此，振動的偶極矩在三個方向相等，即以光由三個方向照射，所得的訊號均相同。但對於對稱性較低，卻仍具有對稱中心的金屬配位化合物而言，因 x, y, z 不再等價，故振動的偶極在三個方向並不相等。若以光由三個方向照射，則在各方向產生的效應不同，這種現象稱為振電極化 (polarization of vibronic)。

[例題] 以金屬配位化合物 $CoCl_2(en)_2$, en = $NH_2CH_2CH_2NH_2$ 說明振電極化的分別

雖然分子不是正八面體但仍然具有對稱中心。依照上述理論，僅能觀測到振電耦合的微弱吸收峰。若只考慮與鈷離子緊鄰的原子團 ($CoCl_2N_4$)，因這些原子的振動影響金屬離子的電子波函數最大。則該分子可約略視為屬於 D_{4h} 對稱群。

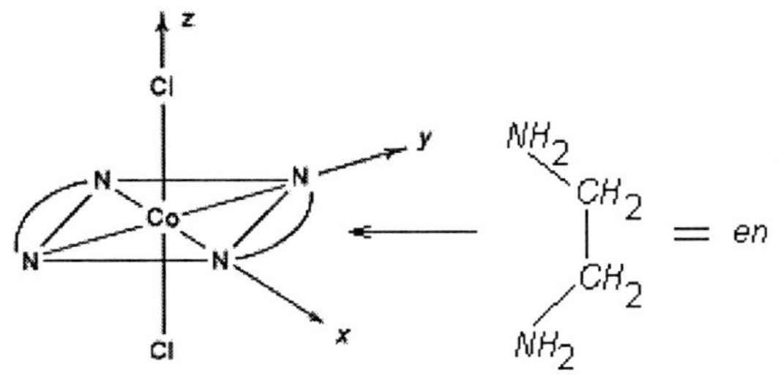

圖 10-14 $CoCl_2(en)_2$ 分子的結構

考慮原子團的振動, 振動模式在 D_{4h} 群的對稱性為:

$2A_{1g}, B_{1g}, B_{2g}, E_g, 2A_{2u}, B_{1u}, 3E_u$

Co (III) 離子的電子組態為 d^6 其電子波函數基態為 $^1A_{1g}$。激發態為 A_{2g} ，B_{2g} 與 E_g. 可能的電子躍遷轉移為:

$A_{1g} \to A_{2g}$ ，　$A_{1g} \to B_{2g}$　$A_{1g} \to E_g$

這些轉移所對應的電偶極矩積分之對稱性, 可由直接乘積求得。因 x, y, z 在 D_{4h} 群中的對稱性分別為 $(x, y) : E_u, z : A_{2u}$, 故得

	$A_{1g} \to A_{2g}$	$A_{1g} \to B_{2g}$	$A_{1g} \to E_g$
$\int \psi'(x,y)\psi_0 d\tau$	$A_{1g} \times E_u \times A_{2g} = E_u$	$A_{1g} \times E_u \times B_{2g} = E_u$	$A_{1g} \times E_u \times E_g =$ $A_{1u} + A_{2u} + B_{1u} + B_{2u}$
$\int \psi' z \psi_0 d\tau$	$A_{1g} \times A_{2u} \times A_{2g} = A_{1u}$	$A_{1g} \times A_{2u} \times B_{2g} = B_{1u}$	$A_{1g} \times A_{2u} \times E_g = E_u$

將此結果, 與振動的正則模式比較, 可得各方向允許的躍遷轉移。只要上表所列電偶極矩積分的對稱性與任一振動模式的對稱性相同, 即有可能的振電轉移。比較之結果為

	(x, y)	z
$A_{1g} \to A_{2g}$	允 許	
$A_{1g} \to B_{2g}$	允 許	允 許
$A_{1g} \to E_g$	允 許	允 許

根據此結果，可預測若入射光平行於分子的 z 軸，則應有兩個可能的吸收峰，若入射光垂直於分子之 z 軸，則應有三個可能的吸收峰。圖 10-15 為 Yamada 等人所　發表的 $[Co(en)_2Cl_2]\cdot HCl\cdot 2H_2O$ 的實驗光譜圖。圖中，以各方向偏極光所得的吸收峰數與預測的結果相同，証實了振電極化效應。

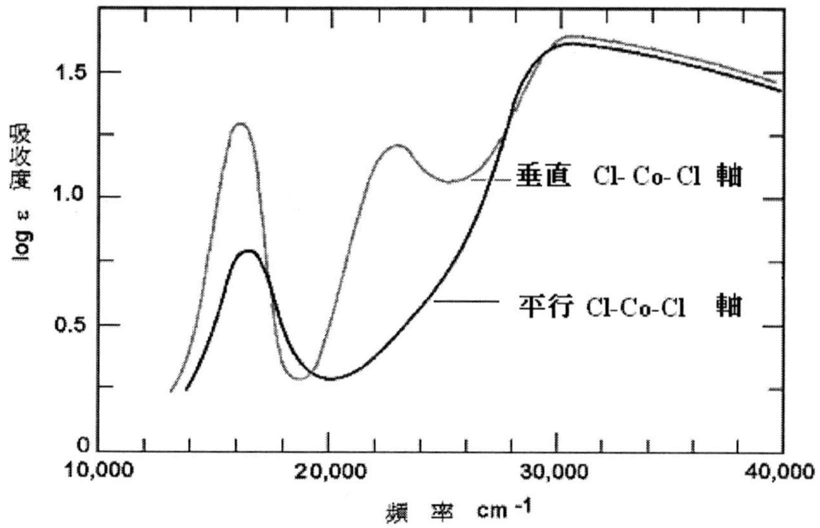

圖 10-15 Yamada 等人所發表的 $[Co(en)_2Cl_2]\cdot HCl\cdot 2H_2O$ 實驗光譜圖

10-8　不具對稱中心的金屬配位化合物的光譜

對於不具對稱中心的錯化合物而言，可發生一般的 $d-d$ 電子躍遷。由觀察實驗所得光譜的吸收峰寬度可知，如同前述具對稱中心的錯化合物一般，電子躍遷伴隨著振動的躍遷。所不同的是，振電耦合在不具對稱中心的錯化合物中並不重要，主要是依據電子態的對稱性決定是否發生躍遷。

[例題]　試討論 Co(II) 所形成的正四面體配位合物的光譜性質

分子屬 T_d 群

電子基態波函數的對稱性為 A_2，其激發態之對稱性為 $2T_1 + T_2$。

由 T_d 之特徵表，(x, y, z) 之對稱性為 T_2，故由 $A_2 \rightarrow T_2$ 與 $A_2 \rightarrow T_1$ 的轉移，其吸收強度的積分式由直接乘積判斷分別為

$$\int \psi_0(A_2)(x,y,z)\psi'(T_1)d\tau \rightarrow A_2 \times T_2 \times T_1 = A_1 + E + T_1 + T_2$$

$$\int \psi_0(A_2)(x,y,z)\psi'(T_2)d\tau \rightarrow A_2 \times T_2 \times T_2 = A_2 + E + T_1 + T_2$$

$A_2 \rightarrow T_1$ 的躍遷之強度積分含有全對稱 A_1 的最簡表象，是允許的躍遷。
$A_2 \rightarrow T_2$ 的躍遷之強度積分不含全對稱之最簡表象 (A_1)，因此，這樣電子躍 遷轉移是不允許的。

實驗上，仍可由光譜中觀測到對應於 $A_2 \rightarrow T_2$ 躍遷的微弱吸收峰，這當然是由振電效應所造成的。實驗觀測的 Co(II) 四面體配位化合物的 $A_2 \rightarrow T_1$ 之躍遷吸收峰的強度約為 $A_2 \rightarrow T_2$ 吸收峰強度的 10 ~ 100 倍。

圖 10-16 為正八面 體 $Co(H_2O)_6^{2+}$ 具對稱中心的配位化合物與正四面體 $CoCl_4^{2-}$ 不具對稱中心的配位化合物的可見光光譜的比較。

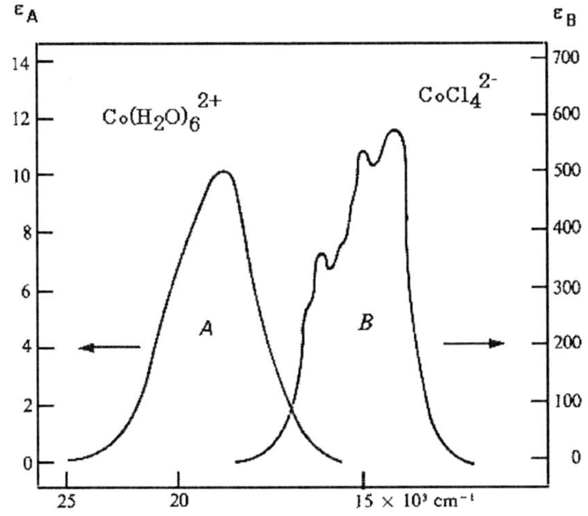

圖 10-16 $Co(H_2O)_6^{2+}$ 與 $CoCl_4^{2-}$ 的可見光光譜

圖中顯示二者的莫耳吸收係數相差約 60 倍，($\varepsilon_A : \varepsilon_B \sim$ 1:60)。證實了具備與不具備對稱中心配位化合物間光譜的差異性。

[附錄 A] 特徵表 Character Table

1. 非軸各群 (non-axial group)

C_1	E
A	1

C_s	E	σ_h		
A'	1	1	x,y, R_z	x^2,y^2,z^2,xy
A''	1	-1	z, R_x,R_y	yz,xz

C_i	E	i		
A_g	1	1	R_x,R_y,R_z	x^2,y^2,z^2,xy,yz,xz
A_u	1	-1	x,y,z	

2. C_n 群

C_2	E	C_2		
A	1	1	z,R_z	x^2,y^2,z^2,xy
B	1	-1	x,y,R_x,R_y	yz,xz

C_3	E	C_3	C_3^2		$\varepsilon=exp(2\pi i/3)$
A	1	1	1	z,R_z	x^2+y^2,z^2
E	$\{1$	ε	$\varepsilon^*\}$	$(x,y); (R_x,R_y)$	$(x^2-y^2,xy); (xz,yz)$
	$\{1$	ε^*	$\varepsilon\}$		

C_4	E	C_4	C_2	C_4^3		
A	1	1	1	1	z,R_z	x^2+y^2,z^2
B	1	-1	1	-1		x^2-y^2,xy
E	$\{1$	i	-1	$-i\}$	$(x,y); (R_x,R_y)$	(yz,xz)
	$\{1$	$-i$	-1	$i\}$		

C_5	E	C_5	C_5^2	C_5^3	C_5^4		$\varepsilon=exp(2\pi i/5)$
A	1	1	1	1	1	z,R_z	x^2+y^2,z^2
E_1	$\{1$	ε	ε^2	ε^{2*}	$\varepsilon^*\}$	$(x,y); (R_x,R_y)$	(xz,yz)
	$\{1$	ε^*	ε^{2*}	ε^2	$\varepsilon\}$		
E_2	$\{1$	ε^2	ε^*	ε	$\varepsilon^{2*}\}$		(x^2-y^2,xy)
	$\{1$	ε^{2*}	ε	ε^*	$\varepsilon^2\}$		

C_6	E	C_6	C_3	C_2	C_3^2	C_6^5		$\varepsilon=exp(2\pi i/6)$
A	1	1	1	1	1	1	z,R_z	x^2+y^2,z^2
B	1	-1	1	-1	1	-1		
E_1	1	ε	$-\varepsilon^*$	-1	$-\varepsilon$	ε^*	(x,y); (R_x,R_y)	(xz,yz)
	1	ε^*	$-\varepsilon$	-1	$-\varepsilon^*$	ε		
E_2	1	$-\varepsilon^*$	$-\varepsilon$	1	$-\varepsilon^*$	$-\varepsilon$		(x^2-y^2,xy)
	1	$-\varepsilon$	$-\varepsilon^*$	1	$-\varepsilon$	$-\varepsilon^*$		

C_7	E	C_7	C_7^2	C_7^3	C_7^4	C_7^5	C_7^6		$\varepsilon=exp(2\pi i/7)$
A	1	1	1	1	1	1	1	z,R_z	x^2+y^2,z^2
E_1	1	ε	ε^2	ε^3	$\varepsilon^{3}*$	$\varepsilon^{2}*$	ε^*	(x,y); (R_x,R_y)	(xz,yz)
	1	ε^*	$\varepsilon^{2}*$	$\varepsilon^{3}*$	ε^3	ε^2	ε		
E_2	1	ε^2	$\varepsilon^{3}*$	ε^*	ε	ε^3	$\varepsilon^{2}*$		(x^2-y^2,xy)
	1	$\varepsilon^{2}*$	ε^3	ε	ε^*	$\varepsilon^{3}*$	ε^2		
E_3	1	ε^3	ε^*	ε^2	$\varepsilon^{2}*$	ε	$\varepsilon^{3}*$		
	1	$\varepsilon^{3}*$	ε	$\varepsilon^{2}*$	ε^2	ε^*	ε^3		

C_8	E	C_8	C_4	C_8^3	C_2	C_8^5	C_4^3	C_8^7		$\varepsilon=exp(2\pi i/8)$
A	1	1	1	1	1	1	1	1	z,R_z	x^2+y^2,z^2
B	1	-1	1	-1	1	-1	1	-1		
E_1	1	ε	i	$-\varepsilon^*$	-1	$-\varepsilon$	$-i$	ε^*	(x,y);	(xz,yz)
	1	ε^*	$-i$	$-\varepsilon$	-1	$-\varepsilon^*$	i	ε	(R_x,R_y)	
E_2	1	i	-1	$-i$	1	i	-1	$-i$		(x^2-y^2,xy)
	1	$-i$	-1	i	1	$-i$	-1	i		
E_3	1	$-\varepsilon$	i	ε^*	-1	ε	$-i$	$-\varepsilon^*$		
	1	$-\varepsilon^*$	$-i$	ε	-1	ε^*	i	$-\varepsilon$		

3. D_n 群

D_2	E	$C_2(z)$	$C_2(y)$	$C_2(x)$		
A	1	1	1	1		x^2,y^2,z^2
B_1	1	1	-1	-1	z, R_z	xy
B_2	1	-1	1	-1	y, R_y	xz
B_3	1	-1	-1	1	x, R_x	yz

D_3	E	$2C_3$	$3C_2$		
A_1	1	1	1		x^2+y^2,z^2
A_2	1	1	-1	z, R_z	
E	2	-1	0	$(x,y); (R_x,R_y)$	$(x^2-y^2,xy); (xz,yz)$

D_4	E	$2C_4$	$C_2(=C_4^2)$	$2C_2'$	$2C_2''$		
A_1	1	1	1	1	1		x^2+y^2,z^2
A_2	1	1	1	-1	-1	z, R_z	
B_1	1	-1	1	1	-1		x^2-y^2
B_2	1	-1	1	-1	1		xy
E	2	0	-2	0	0	$(x,y); (R_x,R_y)$	(xz,yz)

D_5	E	$2C_5$	$2C_5^2$	$5C_2$		
A_1	1	1	1	1		x^2+y^2,z^2
A_2	1	1	1	-1	z, R_z	
E_1	2	2cos72°	2cos144°	0	$(x,y); (R_x,R_y)$	(xz,yz)
E_2	2	2cos144°	2cos72°	0		(x^2-y^2,xy)

D_6	E	$2C_6$	$2C_3$	C_2	$3C_2'$	$3C_2''$		
A_1	1	1	1	1	1	1		x^2+y^2,z^2
A_2	1	1	1	1	-1	-1	z, R_z	
B_1	1	-1	1	-1	1	-1		
B_2	1	-1	1	-1	-1	1		
E_1	2	1	-1	-2	0	0	$(x,y); (R_x,R_y)$	(xz,yz)
E_2	2	-1	-1	2	0	0		(x^2-y^2,xy)

4. C_{nv} 群

C_{2v}	E	C_2	$\sigma_v(xz)$	$\sigma_v(yz)$		
A_1	1	1	1	1	z	x^2,y^2,z^2
A_2	1	1	-1	-1	R_z	xy
B_1	1	-1	1	-1	x, R_y	xz
B_2	1	-1	-1	1	y, R_x	yz

C_{3v}	E	$2C_3$	$3\sigma_v$		
A_1	1	1	1	z	x^2+y^2,z^2
A_2	1	1	-1	R_z	
E	2	-1	0	(x,y); (R_x,R_y)	(x^2-y^2,xy); (xz,yz)

C_{4v}	E	$2C_4$	C_2	$2\sigma_v$	$2\sigma_d$		
A_1	1	1	1	1	1	z	x^2+y^2,z^2
A_2	1	1	1	-1	-1	R_z	
B_1	1	-1	1	1	-1		x^2-y^2
B_2	1	-1	1	-1	1		xy
E	2	0	-2	0	0	(x,y); (R_x,R_y)	(xz,yz)

C_{5v}	E	$2C_5$	$2C_5^2$	$5\sigma_v$		
A_1	1	1	1	1	z	x^2+y^2,z^2
A_2	1	1	1	-1	R_z	
E_1	2	2cos72°	2cos144°	0	(x,y); (R_x,R_y)	(xz,yz)
E_2	2	2cos144°	2cos72°	0		(x^2-y^2,xy)

C_{6v}	E	$2C_6$	$2C_3$	C_2	$3\sigma_v$	$3\sigma_d$		
A_1	1	1	1	1	1	1	z	x^2+y^2,z^2
A_2	1	1	1	1	-1	-1	R_z	
B_1	1	-1	1	-1	1	-1		
B_2	1	-1	1	-1	-1	1		
E_1	2	1	-1	-2	0	0	(x,y); (R_x,R_y)	(xz,yz)
E_2	2	-1	-1	2	0	0		(x^2-y^2,xy)

5. C_{nh} 群

C_{2h}	E	C_2	i	σ_h		
A_g	1	1	1	1	R_z	x^2,y^2,z^2,xy
B_g	1	-1	1	-1	R_x,R_y	xz,yz
A_u	1	1	-1	-1	z	
B_u	1	-1	-1	1	x,y	

C_{3h}	E	C_3	C_3^2	σ_h	S_3	S_3^5		$\varepsilon=\exp(2\pi i/3)$
A'	1	1	1	1	1	1	R_z	x^2+y^2,z^2
E'	1	ε	ε^*	1	ε	ε^*	(x,y)	(x^2-y^2,xy)
	1	ε^*	ε	1	ε^*	ε		
A''	1	1	1	-1	-1	-1	z	
E''	1	ε	ε^*	-1	$-\varepsilon$	$-\varepsilon^*$	(R_x,R_y)	(xz,yz)
	1	ε^*	ε	-1	$-\varepsilon^*$	$-\varepsilon$		

C_{4h}	E	C_4	C_2	C_4^3	i	S_4^3	σ_h	S_4		
A_g	1	1	1	1	1	1	1	1	R_z	x^2+y^2,z^2
B_g	1	-1	1	-1	1	-1	1	-1		x^2-y^2,xy
E_g	1	i	-1	$-i$	1	i	-1	$-i$	(R_x,R_y)	(xz,yz)
	1	$-i$	-1	i	1	$-i$	-1	i		
A_u	1	1	1	1	-1	-1	-1	-1	z	
B_u	1	-1	1	-1	-1	1	-1	1		
E_u	1	i	-1	$-i$	-1	$-i$	1	i	(x,y)	
	1	$-i$	-1	i	-1	i	1	$-i$		

C_{5h}	E	C_5	C_5^2	C_5^3	C_5^4	σ_h	S_5	S_5^7	S_5^3	S_5^9		
A'	1	1	1	1	1	1	1	1	1	1	R_z	x^2+y^2,z^2
E_1'	1	ε	ε^2	ε^{2*}	ε^*	1	ε	ε^2	ε^{2*}	ε^*	(x,y)	
	1	ε^*	ε^{2*}	ε^2	ε	1	ε^*	ε^{2*}	ε^2	ε		
E_2'	1	ε^2	ε^*	ε	ε^{2*}	1	ε^2	ε^*	ε	ε^{2*}		(x^2-y^2,xy)
	1	ε^{2*}	ε	ε^*	ε^2	1	ε^{2*}	ε	ε^*	ε^2		
A''	1	1	1	1	1	-1	-1	-1	-1	-1	z	
E_1''	1	ε	ε^2	ε^{2*}	ε^*	-1	$-\varepsilon$	$-\varepsilon^2$	$-\varepsilon^{2*}$	$-\varepsilon^*$	(R_x,R_y)	(xz,yz)
	1	ε^*	ε^{2*}	ε^2	ε	-1	$-\varepsilon^*$	$-\varepsilon^{2*}$	$-\varepsilon^2$	$-\varepsilon$		
E_2''	1	ε^2	ε^*	ε	ε^{2*}	-1	$-\varepsilon^2$	$-\varepsilon^*$	$-\varepsilon$	$-\varepsilon^{2*}$		
	1	ε^{2*}	ε	ε^*	ε^2	-1	$-\varepsilon^{2*}$	$-\varepsilon$	$-\varepsilon^*$	$-\varepsilon^2$		

$\varepsilon=\exp(2\pi i/5)$

C_{6h}	E	C_6	C_3	C_2	C_3^2	C_6^5	i	S_3^5	S_6^5	σ_h	S_6	S_3		
A_g	1	1	1	1	1	1	1	1	1	1	1	1	R_z	x^2+y^2,z^2
B_g	1	-1	1	-1	1	-1	1	-1	1	-1	1	-1		
E_{1g}	1	ε	$-\varepsilon^*$	-1	$-\varepsilon$	ε^*	1	ε	$-\varepsilon^*$	-1	$-\varepsilon$	ε^*	(R_x,R_y)	(xz,yz)
	1	ε^*	$-\varepsilon$	-1	$-\varepsilon^*$	ε	1	ε^*	$-\varepsilon$	-1	$-\varepsilon^*$	ε		
E_{2g}	1	$-\varepsilon^*$	$-\varepsilon$	1	$-\varepsilon^*$	$-\varepsilon$	1	$-\varepsilon^*$	$-\varepsilon$	1	$-\varepsilon^*$	$-\varepsilon$		(x^2-y^2,xy)
	1	$-\varepsilon$	$-\varepsilon^*$	1	$-\varepsilon$	$-\varepsilon^*$	1	$-\varepsilon$	$-\varepsilon^*$	1	$-\varepsilon$	$-\varepsilon^*$		
A_u	1	1	1	1	1	1	-1	-1	-1	-1	-1	-1	z	
B_u	1	-1	1	-1	1	-1	-1	1	-1	1	-1	1		
E_{1u}	1	ε	$-\varepsilon^*$	-1	$-\varepsilon$	ε^*	-1	$-\varepsilon$	ε^*	1	ε	$-\varepsilon^*$	(x,y)	
	1	ε^*	$-\varepsilon$	-1	$-\varepsilon^*$	ε	-1	$-\varepsilon^*$	ε	1	ε^*	$-\varepsilon$		
E_{2u}	1	$-\varepsilon^*$	$-\varepsilon$	1	$-\varepsilon^*$	$-\varepsilon$	-1	ε^*	ε	-1	ε^*	ε		
	1	$-\varepsilon$	$-\varepsilon^*$	1	$-\varepsilon$	$-\varepsilon^*$	-1	ε	ε^*	-1	ε	ε^*		

$\varepsilon=\exp(2\pi i/6)$

6. D_{nh} 群

D_{2h}	E	$C_2(z)$	$C_2(y)$	$C_2(x)$	i	$\sigma(xy)$	$\sigma(xz)$	$\sigma(yz)$		
A_g	1	1	1	1	1	1	1	1		x^2,y^2,z^2
B_{1g}	1	1	-1	-1	1	1	-1	-1	R_z	xy
B_{2g}	1	-1	1	-1	1	-1	1	-1	R_y	xz
B_{3g}	1	-1	-1	1	1	-1	-1	1	R_x	yz
A_u	1	1	1	1	-1	-1	-1	-1		
B_{1u}	1	1	-1	-1	-1	-1	1	1	z	
B_{2u}	1	-1	1	-1	-1	1	-1	1	y	
B_{3u}	1	-1	-1	1	-1	1	1	-1	x	

D_{3h}	E	$2C_3$	$3C_2$	σ_h	$2S_3$	$3\sigma_v$		
A_1'	1	1	1	1	1	1		x^2+y^2,z^2
A_2'	1	1	-1	1	1	-1	R_z	
E'	2	-1	0	2	-1	0	(x,y)	(x^2-y^2,xy)
A_1''	1	1	1	-1	-1	-1		
A_2''	1	1	-1	-1	-1	1	z	
E''	2	-1	0	-2	1	0	(R_x,R_y)	(xz,yz)

D_{4h}	E	$2C_4$	C_2	$2C_2'$	$2C_2''$	i	$2S_4$	σ_h	$2\sigma_v$	$2\sigma_d$		
A_{1g}	1	1	1	1	1	1	1	1	1	1		x^2+y^2,z^2
A_{2g}	1	1	1	-1	-1	1	1	1	-1	-1	R_z	
B_{1g}	1	-1	1	1	-1	1	-1	1	1	-1		x^2-y^2
B_{2g}	1	-1	1	-1	1	1	-1	1	-1	1		xy
E_g	2	0	-2	0	0	2	0	-2	0	0	(R_x,R_y)	(xz,yz)
A_{1u}	1	1	1	1	1	-1	-1	-1	-1	-1		
A_{2u}	1	1	1	-1	-1	-1	-1	-1	1	1	z	
B_{1u}	1	-1	1	1	-1	-1	1	-1	-1	1		
B_{2u}	1	-1	1	-1	1	-1	1	-1	1	-1		
E_u	2	0	-2	0	0	-2	0	2	0	0	(x,y)	

D_{5h}	E	$2C_5$	$2C_5^2$	$5C_2$	σ_h	$2S_5$	$2S_5^3$	$5\sigma_v$		
A_1'	1	1	1	1	1	1	1	1		x^2+y^2,z^2
A_2'	1	1	1	-1	1	1	1	-1	R_z	
E_1'	2	2cos72°	2cos144°	0	2	2cos72°	2cos144°	0	(x,y)	
E_2'	2	2cos144°	2cos72°	0	2	2cos144°	2cos72°	0		(x^2-y^2,xy)
A_1''	1	1	1	1	-1	-1	-1	-1		
A_2''	1	1	1	-1	-1	-1	-1	1	z	
E_1''	2	2cos72°	2cos144°	0	-2	-2cos72°	-2cos144°	0	(R_x,R_y)	(xz,yz)
E_2''	2	2cos144°	2cos72°	0	-2	-2cos144°	-2cos72°	0		

D_{6h}	E	$2C_6$	$2C_3$	C_2	$3C_2'$	$3C_2''$	i	$2S_3$	$2S_6$	σ_h	$3\sigma_d$	$3\sigma_v$		
A_{1g}	1	1	1	1	1	1	1	1	1	1	1	1		x^2+y^2,z^2
A_{2g}	1	1	1	1	-1	-1	1	1	1	1	-1	-1	R_z	
B_{1g}	1	-1	1	-1	1	-1	1	-1	1	-1	1	-1		
B_{2g}	1	-1	1	-1	-1	1	1	-1	1	-1	-1	1		
E_{1g}	2	1	-1	-2	0	0	2	1	-1	-2	0	0	(R_x,R_y)	(xz,yz)
E_{2g}	2	-1	-1	2	0	0	2	-1	-1	2	0	0		(x^2-y^2,xy)
A_{1u}	1	1	1	1	1	1	-1	-1	-1	-1	-1	-1		
A_{2u}	1	1	1	1	-1	-1	-1	-1	-1	-1	1	1	z	
B_{1u}	1	-1	1	-1	1	-1	-1	1	-1	1	-1	1		
B_{2u}	1	-1	1	-1	-1	1	-1	1	-1	1	1	-1		
E_{1u}	2	1	-1	-2	0	0	-2	-1	1	2	0	0	(x,y)	
E_{2u}	2	-1	-1	2	0	0	-2	1	1	-2	0	0		

D_{8h}	E	$2C_8$	$2C_8^3$	$2C_4$	C_2	$4C_2'$	$4C_2''$	i	$2S_8$	$2S_8^3$	$2S_4$	σ_h	$4\sigma_d$	$4\sigma_v$		
A_{1g}	1	1	1	1	1	1	1	1	1	1	1	1	1	1		x^2+y^2,z^2
A_{2g}	1	1	1	1	1	-1	-1	1	1	1	1	1	-1	-1	R_z	
B_{1g}	1	-1	-1	1	1	1	-1	1	-1	-1	1	1	1	-1		
B_{2g}	1	-1	-1	1	1	-1	1	1	-1	-1	1	1	-1	1		
E_{1g}	2	$\sqrt{2}$	$-\sqrt{2}$	0	-2	0	0	2	$\sqrt{2}$	$-\sqrt{2}$	0	-2	0	0	(R_x,R_y)	(xz,yz)
E_{2g}	2	0	0	-2	2	0	0	2	0	0	-2	2	0	0		(x^2-y^2,xy)
E_{3g}	2	$-\sqrt{2}$	$\sqrt{2}$	0	-2	0	0	2	$-\sqrt{2}$	$\sqrt{2}$	0	-2	0	0		
A_{1u}	1	1	1	1	1	1	1	-1	-1	-1	-1	-1	-1	-1		
A_{2u}	1	1	1	1	1	-1	-1	-1	-1	-1	-1	-1	1	1	z	
B_{1u}	1	-1	-1	1	1	1	-1	-1	1	1	-1	-1	-1	1		
B_{2u}	1	-1	-1	1	1	-1	1	-1	1	1	-1	-1	1	-1		
E_{1u}	2	$\sqrt{2}$	$-\sqrt{2}$	0	-2	0	0	-2	$-\sqrt{2}$	$\sqrt{2}$	0	2	0	0	(x,y)	
E_{2u}	2	0	0	-2	2	0	0	-2	0	0	2	-2	0	0		
E_{3u}	2	$-\sqrt{2}$	$\sqrt{2}$	0	-2	0	0	-2	$\sqrt{2}$	$-\sqrt{2}$	0	2	0	0		

7. D_{nd} 群

D_{2d}	E	$2S_4$	C_2	$2C_2'$	$2\sigma_d$		
A_1	1	1	1	1	1		x^2+y^2,z^2
A_2	1	1	1	-1	-1	R_z	
B_1	1	-1	1	1	-1		x^2-y^2
B_2	1	-1	1	-1	1	z	xy
E	2	0	-2	0	0	$(x,y);(R_x,R_y)$	(xz,yz)

D_{3d}	E	$2C_3$	$3C_2$	i	$2S_6$	$3\sigma_d$		
A_{1g}	1	1	1	1	1	1		x^2+y^2,z^2
A_{2g}	1	1	-1	1	1	-1	R_z	
E_g	2	-1	0	2	-1	0	(R_x,R_y)	$(x^2-y^2,xy);(xz,yz)$
A_{1u}	1	1	1	-1	-1	-1		
A_{2u}	1	1	-1	-1	-1	1	z	
E_u	2	-1	0	-2	1	0	(x,y)	

D_{4d}	E	$2S_8$	$2C_4$	$2S_8^3$	C_2	$4C_2'$	$4\sigma_d$		
A_1	1	1	1	1	1	1	1		$x^2+y^2+z^2$
A_2	1	1	1	1	1	-1	-1	R_z	
B_1	1	-1	1	-1	1	1	-1		
B_2	1	-1	1	-1	1	-1	1	z	
E_1	2	$\sqrt{2}$	0	$-\sqrt{2}$	-2	0	0	(x,y)	
E_2	2	0	-2	0	2	0	0		(x^2-y^2,xy)
E_3	2	$-\sqrt{2}$	0	$\sqrt{2}$	-2	0	0	(R_x,R_y)	(xz,yz)

D_{5d}	E	$2C_5$	$2C_5^2$	$5C_2$	i	$2S_{10}^3$	$2S_{10}$	$5\sigma_d$		
A_{1g}	1	1	1	1	1	1	1	1		$x^2+y^2+z^2$
A_{2g}	1	1	1	-1	1	1	1	-1	R_z	
E_{1g}	2	2cos72°	2cos144°	0	2	2cos72°	2cos144°	0	(R_x,R_y)	(xz,yz)
E_{2g}	2	2cos144°	2cos72°	0	2	2cos144°	2cos72°	0		(x^2-y^2,xy)
A_{1u}	1	1	1	1	-1	-1	-1	-1		
A_{2u}	1	1	1	-1	-1	-1	-1	1	z	
E_{1u}	2	2cos72°	2cos144°	0	-2	-2cos72°	-2cos144°	0	(x,y)	
E_{2u}	2	2cos144°	2cos72°	0	-2	-2cos144°	-2cos72°	0		

D_{6d}	E	$2S_{12}$	$2C_6$	$2S_4$	$2C_3$	$2S_{12}^5$	C_2	$6C_2'$	$6\sigma_d$		
A_1	1	1	1	1	1	1	1	1	1		x^2+y^2,z^2
A_2	1	1	1	1	1	1	1	-1	-1	R_z	
B_1	1	-1	1	-1	1	-1	1	1	-1		
B_2	1	-1	1	-1	1	-1	1	-1	1	z	
E_2	2	$\sqrt{3}$	1	0	-1	$-\sqrt{3}$	-2	0	0	(x,y)	
E_3	2	1	-1	-2	-1	1	2	0	0		(x^2-y^2,xy)
E_3	2	0	-2	0	2	0	-2	0	0		
E_4	2	-1	-1	2	-1	-1	2	0	0		
E_5	2	$-\sqrt{3}$	1	0	-1	$\sqrt{3}$	-2	0	0	(R_x,R_y)	(xz,yz)

8. S_n 群

S_4	E	S_4	C_2	S_4^3		
A	1	1	1	1	R_z	x^2+y^2,z^2
B	1	-1	1	-1	z	x^2-y^2,xy
E	$\{1$	i	-1	$-i\}$	$(x,y);(R_x,R_y)$	(xz,yz)
	$\{1$	$-i$	-1	$i\}$		

S_6	E	C_3	C_3^2	i	S_6^5	S_6		$\varepsilon=\exp(2\pi i/3)$
A_g	1	1	1	1	1	1	R_z	x^2+y^2,z^2
E_g	1	ε	ε^*	1	ε	ε^*	(R_x,R_y)	$(x^2-y^2,xy);(xz,yz)$
	1	ε^*	ε	1	ε^*	ε		
A_u	1	1	1	-1	-1	-1	z	
E_u	1	ε	ε^*	-1	$-\varepsilon$	$-\varepsilon^*$	(x,y)	
	1	ε^*	ε	-1	$-\varepsilon^*$	$-\varepsilon$		

S_8	E	S_8	C_4	S_8^3	C_2	S_8^5	C_4^3	S_8^7		$\varepsilon=\exp(2\pi i/8)$
A_g	1	1	1	1	1	1	1	1	R_z	x^2+y^2,z^2
B	1	-1	1	-1	1	-1	1	-1	z	
E_1	1	ε	i	$-\varepsilon^*$	-1	$-\varepsilon$	$-i$	ε^*	$(x,y);(R_x,R_y)$	
	1	ε^*	$-i$	$-\varepsilon$	-1	$-\varepsilon^*$	i	ε		
E_2	1	i	-1	$-i$	1	i	-1	$-i$		(x^2-y^2,xy)
	1	$-i$	-1	i	1	$-i$	-1	i		
E_3	1	$-\varepsilon^*$	$-i$	ε	-1	ε^*	i	$-\varepsilon$		(xz,yz)
	1	$-\varepsilon$	i	ε^*	-1	ε	$-i$	$-\varepsilon^*$		

9. 立方群

T	E	$4C_3$	$4C_3^2$	$3C_2$		$\varepsilon=exp(2\pi i/3)$
A	1	1	1	1		$x^2+y^2+z^2$
E	1	ε	ε^*	1		$(2z^2-x^2-y^2,x^2-y^2)$
	1	ε^*	ε	1		
T	3	0	0	-1	$(R_x,R_y,R_z);(x,y,z)$	(xz,yz,xy)

T_h	E	$4C_3$	$4C_3^2$	$3C_2$	i	$4S_6$	$4S_6^5$	$3\sigma_h$		$\varepsilon=\exp(2\pi i/3)$
A_g	1	1	1	1	1	1	1	1		$x^2+y^2+z^2$
E_g	1	ε	ε^*	1	1	ε	ε^*	1		$(2z^2-x^2-y^2,x^2-y^2)$
	1	ε^*	ε	1	1	ε^*	ε	1		
T_g	3	0	0	-1	1	0	0	-1	(R_x,R_y,R_z)	(xz,yz,xy)
A_u	1	1	1	1	-1	-1	-1	-1		
E_u	1	ε	ε^*	1	-1	$-\varepsilon$	$-\varepsilon^*$	-1		
	1	ε^*	ε	1	-1	$-\varepsilon^*$	$-\varepsilon$	-1		
T_u	3	0	0	-1	-1	0	0	1	(x,y,z)	

T_d	E	$8C_3$	$3C_2$	$6S_4$	$6\sigma_d$		
A_1	1	1	1	1	1		$x^2+y^2+z^2$
A_2	1	1	1	-1	-1		
E	2	-1	2	0	0		$(2z^2-x^2-y^2, x^2-y^2)$
T_1	3	0	-1	1	-1	(R_x,R_y,R_z)	
T_2	3	0	-1	-1	1	(x,y,z)	(xz,yz,xy)

O	E	$8C_3$	$3C_2(=C_i)$	$6C_4$	$6C_2$		
A_1	1	1	1	1	1		$x^2+y^2+z^2$
A_2	1	1	1	-1	-1		
E	2	-1	2	0	0		$(2z^2-x^2-y^2, x^2-y^2)$
T_1	3	0	-1	1	-1	(R_x,R_y,R_z); (x,y,z)	
T_2	3	0	-1	-1	1		(xz,yz,xy)

O_h	E	$8C_3$	$6C_2$	$6C_4$	$3C_2(=C_4^2)$	i	$6S_4$	$8S_6$	$3\sigma_h$	$6\sigma_d$		
A_{1g}	1	1	1	1	1	1	1	1	1	1		$x^2+y^2+z^2$
A_{2g}	1	1	-1	-1	1	1	-1	1	1	-1		
E_g	2	-1	0	0	2	2	0	-1	2	0		$(2z^2-x^2-y^2, x^2-y^2)$
T_{1g}	3	0	-1	1	-1	3	1	0	-1	-1	(R_x,R_y,R_z)	
T_{2g}	3	0	1	-1	-1	3	-1	0	-1	1		(xz,yz,xy)
A_{1u}	1	1	1	1	1	-1	-1	-1	-1	-1		
A_{2u}	1	1	-1	-1	1	-1	1	-1	-1	1		
E_u	2	-1	0	0	2	-2	0	1	-2	0		
T_{1u}	3	0	-1	1	-1	-3	-1	0	1	1	(x,y,z)	
T_{2u}	3	0	1	-1	-1	-3	1	0	1	-1		

10. 線型分子群

$C_{\infty v}$	E	$2C_\infty^\Phi$	…	$\infty\sigma_v$		
$A_1=\Sigma^+$	1	1	…	1	z	$x^2+y^2+z^2$
$A_2=\Sigma^-$	1	1	…	-1	R_z	
$E_1=\Pi$	2	$2\cos\Phi$	…	0	(x,y);(R_x,R_y)	(xz,yz)
$E_2=\Delta$	2	$2\cos2\Phi$	…	0		(x^2-y^2,xy)
$E_3=\Phi$	2	$2\cos3\Phi$	…	0		
…	…	…	…	…		

$D_{\infty h}$	E	$2C_\infty^\Phi$	…	$\infty\sigma_v$	i	$2S_\infty^\Phi$	…	∞C_2		
Σ_g^+	1	1	…	1	1	1	…	1		x^2+y^2,z^2
Σ_g^-	1	1	…	-1	1	1	…	-1	R_z	
Π_g	2	2cosΦ	…	0	2	-2cosΦ	…	0	(R_x,R_y)	(xz,yz)
Δ_g	2	2cos2Φ	…	0	2	2cos2Φ	…	0		(x^2-y^2,xy)
…	…	…	…	…	…	…	…	…		
Σ_u^+	1	1	…	1	-1	-1	…	-1	z	
Σ_u^-	1	1	…	-1	-1	-1	…	1		
Π_u	2	2cosΦ	…	0	-2	2cosΦ	…	0	(x,y)	
Δ_u	2	2cos2Φ	…	0	-2	-2cos2Φ	…	0		
…	…	…	…	…	…	…	…	…		

11. 正二十面體群

I_h	E	$12C_5$	$12C_5^2$	$20C_3$	$15C_2$	i	$12S_{10}$	$12S_{10}^3$	$20S_6$	15σ		
A_g	1	1	1	1	1	1	1	1	1	1		$x^2+y^2+z^2$
T_{1g}	3	$\frac{1}{2}(1+\sqrt{5})$	$\frac{1}{2}(1-\sqrt{5})$	0	−1	3	$\frac{1}{2}(1-\sqrt{5})$	$\frac{1}{2}(1+\sqrt{5})$	0	−1	(R_x,R_y,R_z)	
T_{2g}	3	$\frac{1}{2}(1-\sqrt{5})$	$\frac{1}{2}(1+\sqrt{5})$	0	−1	3	$\frac{1}{2}(1+\sqrt{5})$	$\frac{1}{2}(1-\sqrt{5})$	0	−1		
G_g	4	−1	−1	1	0	4	−1	−1	1	0		
H_g	5	0	0	−1	1	5	0	0	−1	1		$(2z^2-x^2-y^2,$ $x^2-y^2,$ $xy,yz,zx)$
A_u	1	1	1	1	1	−1	−1	−1	−1	−1		
T_{1u}	3	$\frac{1}{2}(1+\sqrt{5})$	$\frac{1}{2}(1-\sqrt{5})$	0	−1	−3	$-\frac{1}{2}(1-\sqrt{5})$	$-\frac{1}{2}(1+\sqrt{5})$	0	1	(x,y,z)	
T_{2u}	3	$\frac{1}{2}(1-\sqrt{5})$	$\frac{1}{2}(1+\sqrt{5})$	0	−1	−3	$-\frac{1}{2}(1+\sqrt{5})$	$-\frac{1}{2}(1-\sqrt{5})$	0	1		
G_u	4	−1	−1	1	0	−4	1	1	−1	0		
H_u	5	0	0	−1	1	−5	0	0	1	−1		

國家圖書館出版品預行編目(CIP)資料

分子對稱群論 / 陳正隆, 劉權文作. -- 初版. -- 高雄市 : 中華數位科技暨教育協會, 2019.12
面 ; 公分. --(考用叢書)

ISBN 978-986-98525-0-0(平裝)

1.高分子化學 2.群論

343　　108019913

分子對稱群論

作　者：陳正隆、劉權文
出版者：社團法人中華數位科技暨教育協會
地址：800 高雄市新興區中山一路 279 號 3 樓
電話：(07)285-0321
傳真：(07)288-2880
E-mail：dtea0515@gmail.com
版次　2019 年 12 月初版一刷
定價　新台幣　380　元

郵資符誌
黏貼處

800
高雄市新興區中山一路279號3F
TEL：(07)285-8866、(07)288-2800 FAX：(07)288-2880

社團法人中華數位科技暨教育協會 收

Digital Tech and Education Association of R.O.C

VIP貴賓會員重要考訊諮詢服務

台大數位科技教育股份有限公司

E-mail：service.taida@msa.hinet.net
遠距教學課程網站 http://www.tai-da.com.tw
官 方 網 站 http://www.kl.com.tw

背面請詳填資料，需附回郵，7個工作天內回寄，謝謝配合！